U0724221

影响世界的重大发明

墨人◎编

吉林出版集团股份有限公司

图书在版编目(CIP)数据

影响世界的重大发明 / 墨人编. —长春：吉林出版集团股份有限公司，2010.9
（读好书系列）
ISBN 978-7-5463-3615-2

Ⅰ.①影… Ⅱ.①墨… Ⅲ.①创造发明—世界—儿童读物 Ⅳ.①N19-49

中国版本图书馆 CIP 数据核字（2010）第 163085 号

影响世界的重大发明
YINGXIANG SHIJIE DE ZHONGDA FAMING

编　　者	墨　人	
出 版 人	吴　强	
责任编辑	尤　蕾	
助理编辑	杨　帆	
开　　本	710mm×1000mm　1/16	
字　　数	80 千字	
印　　张	7	
版　　次	2010 年 9 月第 1 版	
印　　次	2022 年 9 月第 3 次印刷	

出　　版	吉林出版集团股份有限公司
发　　行	吉林音像出版社有限责任公司
地　　址	长春市南关区福祉大路 5788 号
电　　话	0431-81629667
印　　刷	河北炳烁印刷有限公司

ISBN 978-7-5463-3615-2　　　　定价：28.00 元

前　言

　　人类的进步与文明，都是建立在无数发明的基础上的。从远古的钻木取火到现在的载人航天，无处不闪耀着发明的火花。发明是人类知识和智慧的结晶，是人类进步的阶梯，是推动社会前进的动力。

　　纵观世界发明史，人类祖先有无数智慧而伟大的古老发明，而今人也创造了众多无与伦比的新型发明。这些发明不仅推动了人类社会的发展，而且颠覆了整个人类的生活形态。电子计算机的发明和飞速发展便是有力的证明。电子计算机的"记忆力"比人类好，在完成精确任务方面比人类稳定，可以用惊人的速度毫不疲倦地完成大量工作，把人类从繁重的记忆与计算工作中解脱出来，这是人类文明史上的一次重大变革。同时，每个发明的背后都有曲折动人的故事。让我们走近这些发明，剖析它们的过往，从而重温那些令世人无比敬佩的发明家的故事吧！

　　本书撷取了诸多古今中外的发明故事，用简洁的文字和精美的图片再现给广大读者，希望每位读者通过阅读本书，能够开阔视野，而且可以增强创新意识，提高创新能力。

前言

目录
MULU

指南针的发明

我们设想一下，在人迹罕至的深山密林里，在漫无边际的沙漠荒野中，或者颠簸在波涛汹涌的汪洋上，人们应该怎样来辨别方向呢？

也许我们脱口就能回答：白天，可以根据太阳来测定方向；晚上，有明亮的北极星来指引方向。

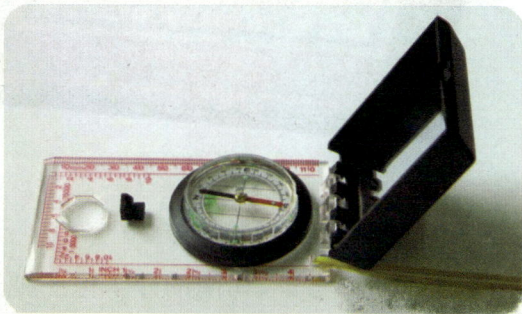

多功能指南针

可是，要是阴雨连绵，终日不见阳光，或者黑夜沉沉，根本就没有星星闪烁，这时又该怎么办呢？

中华民族的祖先很早就发明了航行的眼睛——指南针，有了它，航海、航空、勘察、探险，就不会迷路了。

指南针是用什么东西做的呢？我们伟大的祖先又是怎样发明它的呢？

指南针是用磁铁做成的。磁铁又叫"吸铁石"，在古代称作"慈石"。因为它像一位慈祥的母亲吸引自己的孩子一样，一碰到铁就把它吸住。后来，人们称它为"磁石"或"磁铁"。

军用指南针

两千多年前，我们的祖先发现了磁铁，并且知道它能吸铁。说到磁铁的吸铁功能，还有这么一个有趣的传说：秦始皇统一中国之后，在陕西建造了富丽堂皇的阿房宫。阿房宫中有一扇磁石门，完全用磁铁造成。如果有谁带着铁兵器想去行刺，只要经过那里，磁石门就会把铁兵器吸住。

另外，古书上还记载了另一个故事：汉武帝时期，有个聪明人献给汉武帝一种斗棋，这种棋

● 司 南

子一放在棋盘上，就会互相碰击，自动斗起来。汉武帝看了感到非常惊奇。其实，这种棋子并不奇怪，它们都是用磁石做的，所以有磁性，能互相碰击，只不过汉武帝不懂这个道理而已。

知道了磁铁的特点后，战国时代的人发明了一种叫作"司南"的磁铁指南仪器。"司"的意思是掌管，司南也就是专门掌管指示南方的仪器。

根据后人考证，司南的样子像一把汤匙，有一根长柄和光滑的圆底，人们把它放在一个特别光滑的"地盘"上来指示方向。

这个"汤匙"是用磁铁制成的，它的磁性南极那头被雕琢成长柄以指示方向，它的圆底是重心所在，磨得特别光滑，放在地盘上，只要把长柄轻轻一转，静止下来后长柄所指的方向便是南方。

由于它在使用时必须配有地盘，所以也有人把它叫作"罗盘针"。司南可以说是世界上出现最早的指南针。但由于司南由天然的磁石磨制而成，在强烈的震动和高温的情况下，磁石容易失去磁性。再说，司南在使用时还必须有平滑的地盘，这就显得很不方便。

北宋后期（公元 11 世纪），人们发现钢铁在磁石上磨过之后也会带上磁性，而且比较稳定，于是就出现了人造磁铁。

人造磁铁的发现，促成了"指南鱼"的出现，把测方向的仪器水平又向前推了一大步。指南鱼用一块薄薄的磁化钢片制成，形状像一条鱼，它的鱼头是磁南极，鱼尾是磁北极，鱼的肚皮部分凹下去一些，使它像小船一样可以浮在水

南   北

● 指南鱼

面上。让浮在水面上的指南鱼自由转动，等到静止时，鱼头总是指着南方。比起司南来，指南鱼在携带和使用方面都方便多了。

钢片指南鱼发明不久，人们把钢针放在磁铁上磨，使钢针变成了磁针。这种经过人工传磁的钢针，就成了现在的指南针。

北宋著名科学家沈括在他的著作《梦溪笔谈》中记述了当时指南针的四种装置方式：第一种为"水浮法"，将磁针横贯灯心草，让它浮在水面上；第二种为"指甲旋定法"，把磁针放在手指甲面上，使它轻轻转动，由于手指甲很光滑，磁针就和司南一样，旋转自如，静止后指南；第三种为"碗唇旋定法"，把磁针放在光滑的碗口边上；第四种为"缕悬法"，在磁针中部涂一些蜡，粘上一根细丝线，把细丝线挂在没有风的地方。这四种方法可以说是世界上关于指南针使用方法的最早记载。

指南针的出现为航海提供了一件重要的工具，弥补了原有测量方向技术的缺陷，使人们在大海上航行时不再迷失航向、偏离航线，避免了大量的海难发生，开创了一个人类航海活动的新纪元。明朝是航海交通事业的繁盛时期，明初郑和七次下西洋的航海壮举，皆得益于指南针。指南针传入欧洲后，促成了欧洲近代大航海时代的到来，谱写了世界历史的辉煌新篇。

因此，英国著名的科技史专家李约瑟认真地评价了指南针的发明。他说，指南针在航海中的应用是"航海技艺方面的巨大改革"，把"原始航海时代推进到终点"，"预示了计量航海时代的来临"。所以，指南针就是人类在茫茫大海上航行最明亮的眼睛。

● 车载指南针

火药的发明

火药的发明与炼丹密切相关,古代的术士没有炼出"仙丹",却意外地发明了火药。

传说在西汉时期,汉武帝为了长生不老,常招来所有的大臣,为他出谋划策。

一天,有个大臣建议说:"陛下,我听说有一种仙丹,吃了它,就能长命百岁。"

汉武帝一听,高兴极了,连忙下令,让全国的术士为他炼丹。于是,炼丹术开始盛行。

可是,炼丹容易出差错,引起了一次又一次的爆炸事故,有的术士甚至把自己也炸伤了。

但是,炼丹的术士为了博得皇帝的欢心,整天守在炼丹炉旁,一心想炼出仙丹。但汉武帝不仅没能长命百岁,反而加速"驾崩"了。

原来,炼丹主要是用硫黄、硝石、朱砂混合,再加上蜂蜜来燃烧炼制的,其中含

利用火药燃烧和爆炸的性能可以制造各种各样的火器

有毒性很强的水银。因此,如果在炼丹过程中稍不注意,就会引起爆炸。

传说一天傍晚,有个炼丹术士疲劳过度,靠在炼丹炉旁睡着了,一夜恶梦不断。当他惊醒后,发现火光冲天,禁不住大叫一声:"不好,发生了火药事故!"于是,"火药"一词便传开了。

后来,火药引起了军事家浓厚的兴趣,他们进行了深入的研究,将硝石、硫黄和木炭按一定的比例混合,制成了世界上最早的火药。于是,火药就成为我国古代的四大发明之一。

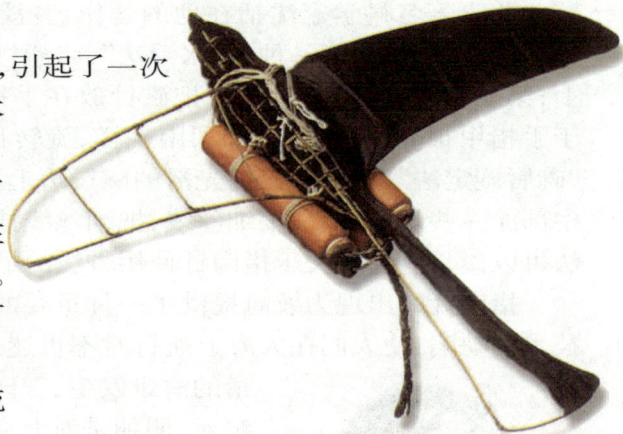

造纸术的发明

蔡伦,字敬仲,桂阳(今湖南郴州)人。他性格刚直,好学不倦,公元 75 年进宫,当了宦官,侍从皇帝和皇妃。

在宫中,蔡伦最喜爱的事是读书,他经常偷闲到秘书监找杨太史。杨太史是负责整理文史资料的学士,他对蔡伦的上进与好学极为欣赏。蔡伦做梦都想着有一天能离开皇宫到秘书监工作。汉章帝深知他好学,就答应了他的请求。于是蔡伦在秘书监里阅读了许多古代的书籍。

汉章帝驾崩,汉和帝即位,蔡伦升为中常侍,从秘书监调入内宫,参与政事。

● 蔡伦像

蔡伦改进造纸术,是在永元九年之后的事,由于在秘书监时,蔡伦看到史官以竹简刻书,极为辛苦,因此一直想用某种东西代替。

据说一天清晨,他信步走入后庭,想看看他过去在榕树树干上刻的字。可是,字迹已经模糊不清了,原来树浆外溢,风干之后,掩盖了字迹。蔡伦用手轻轻地一撕,居然揭下一层透明胶膜,他忽有所感,反复地观察、搓揉,可惜这层胶膜太薄、太脆,易于破裂。

这萌发了蔡伦造纸的愿望。他想:如果在这层胶膜中加入某种成分,使它的拉力增强,不易裂碎,便可以代替竹简了。但使用什么成分能增加拉力呢?蔡伦一直苦思冥想:浆的黏性是主体,既然从树中而来,树皮本身必含有浆。"蔡伦的这种联想，符合科学规律，因为任何黏性液体，一旦加入纤维组织，便会加强本身的韧性。

这时，蔡伦看出他一向尊重的窦太后有野心，便屡屡进谏。窦太后借故加升蔡伦为尚方令，其实是将他调离参与朝政的职位，掌管皇宫御用手工作坊。

中国宣纸传统工艺流程

净浆　　捞纸　　炕纸　　检纸

◉ 中国宣纸传统工艺流程

由于职务关系，蔡伦可以随时出宫，搜购上等材料。一次，他偶然在郊外看见茂密的树，再度触发了他造纸的灵感。他命人剥取大量树皮，磨成浆粉，经高温蒸煮，然后以固定尺度木模，造成纸型，再曝晒、风干，终于造出了纸。

蔡伦的造纸研究自永元九年到元兴元年，共经历了15年之久，在这15年中他经历了无数次的失败。应用此术生产出纸后，当时并没有流行，直到此后的第6年，才在全国范围内应用此术。

和熹太后临朝听政时，做了不少安邦大事，有许多贤明之举，这时的蔡伦被封为了龙亭侯。

和熹太后去世后，汉安帝亲临朝政，由于过去官场

◉ 洋县龙亭蔡伦墓祠

中的恩怨，他做的第一件事就是贬蔡伦为廷尉，也就是殿前武士的刽子手，故意刁难他。

这时的蔡伦已年近七十，这个官职是他绝对无法接受的，摆在他面前的只有一条路，那就是死。

圣旨下达之后，蔡伦一声不响地在前厅来回走着，然后走进内寝，和他同甘共苦的名义妻子嫦儿，一同自尽了。

蔡伦没有子孙，但由他研制的造纸方法，经过历朝历代的改进，流传至今。

两宋以来，雕版印刷盛行，更推动了造纸业的发展，从这一时期开始，出现了稻麦秸秆纸和竹纸。

元明之际，造纸工艺已相当完备。明朝宋应星在《天工开物》一书中，详细记述了技术复杂的竹纸制作方法。其中包括一些关键性的工序。

晋朝有"侧理纸"，南北朝有"凝光纸"，唐朝时四川有"十色笺"和"薛涛笺"，北宋有"澄心堂纸"等，不仅有多种颜色，而且纸面研磨得极为光滑，宋朝的"金粟山藏经纸"更为名贵。

明清时期宣纸最著名。宣纸以檀树皮作为主要原料，具有洁白光润、坚韧细密、久不变色等优点，享有"纸寿千年"的盛誉。

我国的造纸术先传到朝鲜、越南，约610年传到日本，后又传到阿拉伯，12世纪中叶再传入欧洲，400年后又传到美洲。造纸术大大促进了世界科学文化的传播和交流，被列为中国的四大发明之一，使中国跻身闻名古国。

● 此图再现了我国古代的造纸流程

地动仪的发明

● 张衡像

张衡,字平子,公元78年出生在今河南省南阳市卧龙区石桥镇,是东汉时期的天文学家。

张衡出身南阳郡的名门望族,祖父张堪当过蜀郡太守和渔阳太守。张堪重视生产,作风廉洁,深受人民爱戴。

少年时代的张衡生活清苦,但他天资聪明,勤奋好学。他读了许多儒家经典,爱好文学,年轻时就擅长写文章,曾到三辅游学。他17岁时告别家乡,开始了游历生活。他实地考察名胜古迹,了解现实生活中的各种事物。

在汉代入太学学习,必须经过县令的推荐。张衡没经选送,不

● 漏水转浑天仪

能进太学学习，但求知欲经常促使他去太学参观，拜各家为师。因此他通晓五种经书，熟悉六种学问和技能。

23 岁的张衡在京师还没有一官半职，生活非常艰难。这时，他被邀请到南阳郡当主簿，掌管往来文书。公事之外，他苦做学问，写成了著名的《二京赋》。虽然他的才能比当时的人高超，但并没有因此而骄傲自大。《二京赋》使张衡名声大振，这篇赋不仅文字典雅、取材好，而且完全改变了以往辞赋被专门用来歌功颂德的陋习，开辟了一代文风。

张衡平时态度从容不迫，性情恬淡安静，不喜欢交结世俗之人，兴趣不在做官，而是在求学上，他多次谢绝到公府做官。东汉和帝永元年间，他被推举为孝廉，却不去应荐，屡次为公府所征召，他也不去应召。

浑天仪模型

114 年，汉安帝指名征召张衡，他再也无法推辞了。于是，他二次来到京师洛阳，在尚书台衙门里担任郎中。这时，他开始钻研西汉学者杨雄的《太玄经》，从此他由爱好文学改为从事天文学的研究。

地动仪(仿制)

张衡通晓器械制造技术，尤其在天文、阴阳、历算方面进行了有益的探索，不久他便被任命为太史令。太史令的职责是掌管天时、星象、历法和编纂史书。凡举行祭祀大典，都要由太史令来选择"黄道吉日"，地方上发生了灾害也要报太史令。张衡于是就专门研究阴阳学，终于掌握了玄机的原理奥秘，制造出了浑天仪，并写成了《灵宪》《算罔论》，这些专著论述得十分详尽。

经过长期观察，张衡肯定了地球是圆的，提出了宇宙无限的观点，他撰写的《灵宪》一书，解释了月相变化和月食发生等自然现象。他在《灵宪》中记载了 124 颗恒星和 320 颗可命名的星，并指出中原地区可看到的星约为 2 500 颗，这与近代天文学观测数字相近。

为了制造出一部能够反映天体图像并测定天体变化的仪器，他画了一张又一张草图，经过反复设计计算，终于用竹片做成一个模型，将南北极、黄赤道、日月星辰和 24 节气都刻在上面。

● 张衡浮雕

张衡对照天体反复试验核对，然后请工匠用铜铸成浑天仪。为了使浑天仪自转，张衡还利用滴漏壶（计时仪器）流出的水力，启动齿轮，推动浑天仪徐徐转动。

浑天仪由内外几层铜圈组成。由于设计准确，制造精良，转动起来能正确反映天象。浑天仪原物已失传，1949 年以后，人们根据《浑天仪图注》将浑天仪复制成功。

● 大型地动仪模型

古时候，人们看见日食就心惊胆战，张衡解释这一现象说，太阳能发出强烈的光，而月亮不发光。月亮反射太阳光，当月亮运行到地球和太阳之间，三者形成一条直线时，不发光的月亮挡住了发光的太阳，从而产生日食。

从96年到125年，中国境内发生过23次地震。当地震发生，人们求神饶恕时，科学家张衡却在冷静地思考，决心创造一种仪器，测知地震发生的方向，及时救灾。

● 张衡与地动仪雕像

地动仪发明成功了，它用铜铸成，外形像酒樽，腰部的东、南、西、北、东南、西南、西北、东北八个方位镶着八条龙，每条龙嘴里都含有一颗铜球，下面蹲着八个铜蛤蟆，蛤蟆头向上昂起对准龙嘴，那些制作精巧的枢纽和部件，都安装在铜樽之中，盖得严严实实，没有一点儿空隙。如有地震发生，樽形部件就振动铜龙，机关随即发动，上边的龙嘴就吐出铜球，下边的铜蛤蟆正好衔住。

地动仪制成6年后，即138年，安放在洛阳的地动仪西面的龙嘴里掉出了铜球。这说明有地震发生。

京师的官僚、学者由于一点儿也没感觉出地震来，于是议论纷纷，怀疑地动仪是否准确。过了几天，果然甘肃有人骑马前来报告，说那里发生了地震。这个消息证实了地动仪的准确性。

● 南阳张衡祠

11

张衡制成地动仪是人类历史上的首创,也是我国有准确地震记录的开始,它比欧洲制造出的同类仪器早1748年,张衡因此被全世界公认为地震学的"鼻祖"。

133年,张衡被调任为侍中,负责宣传皇帝的命令并当皇帝的顾问。张衡为官正直,一心想报效朝廷,他希望借此机会协助皇帝整顿政治。张衡一到任,就树立威信,整饬法度,暗中察访奸党成员,将他们一网打尽,于是举国上下,秩序井然,人人都称赞政治清明。

传说有一次,汉顺帝问张衡当今最恨什么人,他还没回答,站在旁边的宦官就恶狠狠

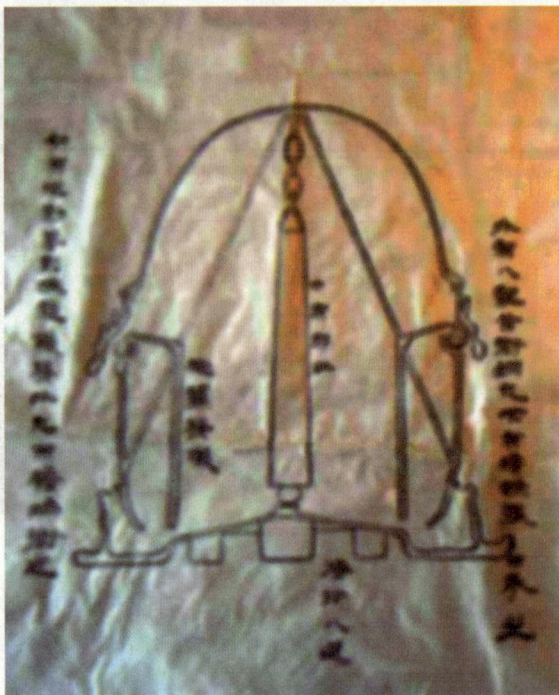

地动仪结构图

地盯上了他。宦官害怕张衡说出他们为非作歹的事,纷纷向皇帝说张衡的坏话,皇帝不明真相听信谗言,张衡被排挤出了朝廷。

136年,张衡被调任为河间相,两年后张衡上书汉顺帝,要求辞官回家,没有获得批准。当时君王大都骄横奢侈,不遵守典章法制,同时还有许多豪门大户彼此勾结,专干坏事。

张衡管理了三年政务,就再次向皇帝上书请求退休,皇帝不仅不同意,反而再次调他到京师担任尚书,协助皇帝处理政务。也就在这年,张衡在京师洛阳去世了。

为了纪念他对人类做出的贡献,1970年,国际上用张衡的名字命了名月球背面的一座环形山。1977年,太阳系中一个编号为1802的小行星,也是用张衡的名字来命名的。

活字印刷术的发明

毕昇是北宋中期一个普通的平民知识分子，即"布衣"。在毕昇生活的那个年代，盛行雕版印刷，就是在较坚硬的整块木板上雕刻出反体、凸起的文字，经刷墨、铺纸、加压后得到正写文字复制品的方法。

宋朝时雕版印刷达到全盛，已经出现铜版雕印和彩色套印，对文化的传播起了重要作用，但雕版印刷也存在明显的缺点：一是刻版费时、费工、费料；二是存放不便；三是发现错字不容易更正。

毕昇的家附近就有一家书坊。他常常看到书坊里雕满了字的整块整块的木板堆积成山，书印完后没处存放，只好拿去当柴烧。他觉得很可惜，问书坊里的工

● 毕昇铜像

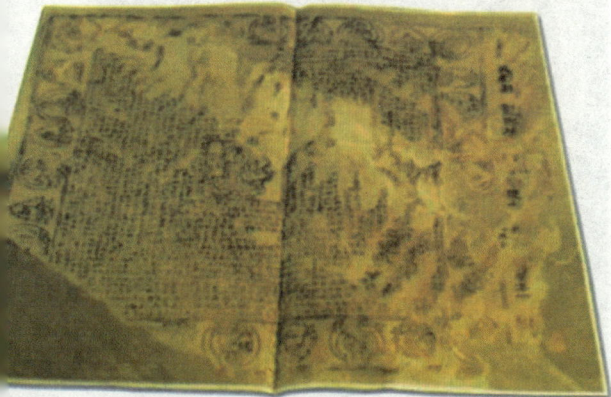

● 雕版印刷的《陀罗尼经咒》

人，他们对此也表示无能为力。

毕昇心中渐渐萌发了改进雕版印刷技术的念头。他常常到书坊向工人学习雕版印刷技术，总结历代雕版印刷的实践经验，还找来历代有关印刷方面的资料，不断学习、探索，并反复进行比较。

一天，毕昇正在刻一部书

稿,他边刻边想:有很多字在文章中都是经常要用到的,可是每次都要刻,太麻烦了,要是刻一次能反复使用就好了,常用汉字也就那么几千个……对了,如果刻出来的字可以拆开,自由组合,不就解决问题了吗?

想到这里,毕昇很兴奋。但字怎样才能拆开,拆开后又怎样才能合起来印刷呢?把字分别刻在每一块小木板上或许能行。毕昇立即动手找来工具,把整块的杉木弄成一块块半寸见方的小木块。

他又找出 3 000 来个常用字,试着在小木板上刻了起来。他把每个单字都刻了好几个,有些常用单字像"之""也"等,每个单字都刻了20多个。他花了将近 1 个月的时间,终于把这些字刻完了。

怎样才能把需要的字挑出来呢?

● 雕版印刷

为了解决拣字难的问题,毕昇考虑了很久,最后他将这些字按音归成十几类。一个韵部一类,同一类的放在一个盘子里,每一类都按部首笔画排出顺序。

这天,毕昇提着装满木活字的柳条筐走进书坊,他笑着请大家帮助他试验一下木活字。雕刻工人热情地帮助他摆开了字盘,调匀了印墨,

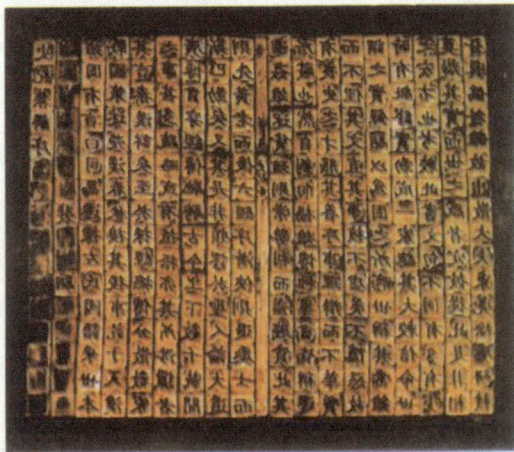

● 排满字的活版

捧来了纸张，一个工人递给毕昇一部书稿。

毕昇先把松脂蜡和纸灰敷在铁板上，再放上铁框，然后依次排进活字，放在火上烤，待松脂稍稍熔化后用平板压一下，满满一框木字就整整齐齐地粘在一起了。他说这框字用完后，再用火把松脂烤化，活字即可取下来，下次还可再用。

毕昇把印墨均匀地涂在木字上，再把纸铺在上面，用刷子轻轻一刷，揭了下来，一张字迹清晰的印刷品就呈现在大家面前。他又继续印了几张，可印到后来，纸上的字有的渐渐变大，有的笔画越来越模糊。

毕昇泥活字版（仿制品）

在场的一个老工人发现活字是用杉木刻的，就告诉毕昇，杉木木纹粗、质地软，容易吸水和变形，印刷时受墨多了就会膨胀。加上每个活字的木纹不一样，有的胀得快，有的胀得慢，所以笔画也就有粗有细了。

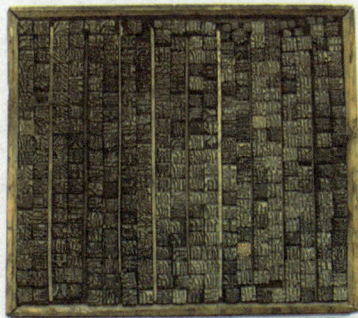

活字版

毕昇回到家里，冥思苦想，想要找一种既不吸水又能雕刻成字的材料。一天，他发现妻子用瓦罐烧水，猛然想到，如果先用泥坯刻好字，再进窑烧，不就可以制成像瓦罐那样不吸水的泥活字了吗？

几天后，毕昇来到一个烧砖瓦的窑场。在窑工的指点下，他用胶泥做了十几个半寸见方的小土坯,刻上字送进大窑烧,可是,烧出来的活字上有的有小孔,有的有裂缝。窑工告诉他,大窑烧出来的东西很粗糙,并指点他去找一个卖泥玩具的老汉。

毕昇终于在一个小村落里找到了那个老汉并说明了自己的来意。老汉见他很诚恳,就把自己捏泥人的经验毫无保留地告诉了他,还带他看了屋后一座专门烧制泥玩具的小窑。毕昇认真地听着、看着,还不时地向老汉提些问题。

回家后他在院子里搭起一座小窑,又将摔打了无数次的胶泥分制成许多半寸见方的"小土坯",刻成 5 000 多个字块,然后点火烧窑,日夜守候。两天后,一套不吸水、笔画清晰、坚如牛角的泥活字终于制成了。

他把活字版拼好,试着印了 300 多张,每一张都一样清晰,大家不禁拍手叫好,活字印刷终于试验成功了。在实际应用中,通常是两块铁板交替使用,一块板在印刷,另一块板排字,第一块板刚印完,第二块板已经做好,这样,印刷速度又加快了。

毕昇发明活字印刷术是在 1041—1048 年(宋仁宗庆历年间)。与雕版印刷相比,活字印刷具有成本低、速度快、质量好的特点,这是我国印刷史上的一次革命,被誉为我国古代四大发明之一,比欧洲的金属活字印刷术早了 400 余年。

翟氏泥活字模

望远镜的问世

在 16 世纪末的荷兰，眼镜和放大镜制造业成为重要产业。

一位名叫李普希的商人，在荷兰的米德尔堡经营着一家眼镜店。他有三个活泼可爱的儿子。由于家里玩具少，孩子们经常把一些磨制坏的镜片拿来玩。

一天，三个孩子拿着镜片在阳台上玩。调皮的小弟将两个镜片叠在一起，眯着眼睛，看远处的景物。

忽然，他大叫起来："哥，快来看，教堂的塔尖变近了。"

● 单筒望远镜

两个哥哥照着弟弟说的那样，将两片镜片叠在一起，果然，前方的教堂、树木变得高大清晰了。

"哥，这是为什么呢？"小弟问道。

● 军用望远镜

"我也不知道。"两个哥哥异口同声地回答。于是，他们去找爸爸。

"爸，为什么将镜片一前一后地拿着看教堂塔尖，教堂塔尖变近了？"小弟问道。

"这是因为……啊，没有这种事。不要胡闹了，爸爸很忙。"李普希放下手中正在磨研的镜片，慈祥地对孩子说。

"这是真的。"小弟说。

"这确实是真的。"两个哥哥为小弟作证。

李普希只好跟着孩子们来到阳台上。他按照孩子们说的那样,将两片镜片拿好。确实,他发现塔尖变近了。

"这是为什么呢?"他百思不得其解,经过进一步的试验,他发现只要将一块凸透镜和一块凹透镜组合起来,把凹透镜放在眼前,把凸透镜放远一些,并调好两片镜片间的距离,就可以看见很远的物体。

李普希制成一根粗细、长短合适的金属管,并把凸透镜和凹透镜放入管内恰当的位置。用这个装置观看远方的景物,会使景物变近了。作为商人,李普希想:也许这是一桩赚钱的买卖。于是,他向荷兰国会提出了申请专利的要求。

1608 年,李普希获得专利权,荷兰政府除奖励他一大笔奖金外,还拨出专款,命令他为海军制造一种用两眼观察的双筒望远镜。

荷兰政府认为,海军有了望远镜,就等于有了一双"千里眼",将大大提高战斗力。于是他们秘密地进行望远镜的制造工作。

纸包不住火。很快,有关制造望远镜方法的消息飞快地传遍了欧洲。

1609 年,居住在意大利威尼斯的物理学家伽利略,从同行口中听到了这一消息。他想:"也许可以用望远镜观测天体。"他立刻从眼镜店里买来镜片,并加工了一个铜筒,然后将镜片装入铜筒,一架望远镜便制成了。用它观察远方的物体,比用肉眼观察近 3 倍。之后,伽利略对望远镜制造技术进行了改进,使用它观察物体比用肉眼观察近 30 倍。

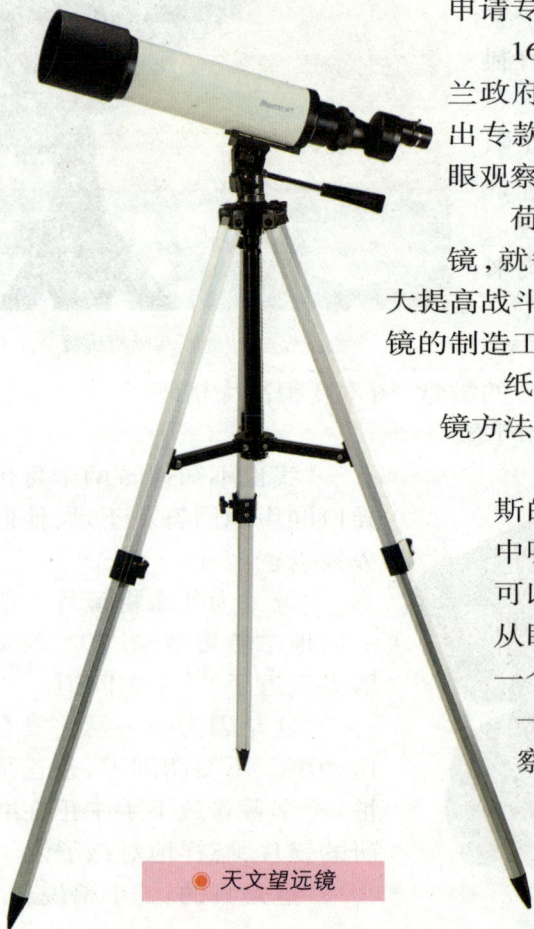

● 天文望远镜

1609 年，在一个群星璀璨的夜晚，伽利略将望远镜对准了月球。自古以来，人们认为月球皎洁无瑕，可透过望远镜，他看到月球表面凹凸不平，既有平原，也有山脉。他不禁惊叹道："月球原来是一个满脸麻子的美人！"

之后，伽利略还用望远镜观察了木星，发现木星边上有 4 颗小星星围绕着它转；用望远镜观察太阳，发现了太阳的自转；用望远镜观察银河系，发现它是由无数暗弱的恒星组成的。

🔴 牛顿和他的反射望远镜

伽利略发明的望远镜与李普希发明的望远镜一样，都是由凹透镜和凸透镜组成的。人们称这类望远镜为"折射式望远镜"。这种望远镜有一个缺点，就是所有的图像都带有彩色的边缘。显然，它会影响观测的准确性。

🔴 伽利略雕像

1668 年，英国物理学家牛顿在研究折射式望远镜的基础上，成功地制成了第一架反射式望远镜。它的镜筒直径约为 2.5 厘米，长度约为 15 厘米。它克服了折射式望远镜的缺点。

之后，还诞生了射电天文望远镜、空间望远镜等。新型望远镜的不断问世，让人类的目光投得更远。

显微镜的发明

显微镜是人类最伟大的发明之一。在它发明出来之前，人类关于周围世界的观念局限在用肉眼或者靠手持透镜帮助肉眼看东西。

显微镜把一个全新的世界展现在人类的面前。人们第一次看到了数以百计的"新的"微小动物和植物，以及从人体到植物纤维等各种东西的内部构造。显微镜还有助于科学家发现新物种，有助于医生治疗疾病。

最早的显微镜是 16 世纪末期在荷兰制造出来的。其发明者可能是一个叫作札恰里亚斯·詹森的荷兰眼镜商，或者一位荷兰眼境商李普希，他们用两片透镜制作了简易的显微镜，但并没有用这些仪器做过任何重要的观察。

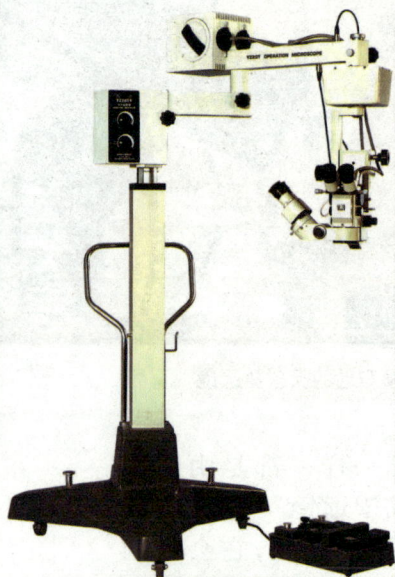
● 手术显微镜

后来，有两个人开始在科学上使用显微镜。第一个是意大利科学家伽利略。他通过显微镜观察到一种昆虫后，第一次对它的复眼进行了描述。第二个是荷兰生物学家列文虎克，他自己学会了磨制透镜。他第一次描述了许多肉眼看不见的微小植物和动物。

1931 年，恩斯特·鲁斯卡研制了电子显微镜，使生物学发生了一场革命。这使得科学家能观察到百万分之一毫米那样小的物体。1986 年，他被授予诺贝尔物理学奖。

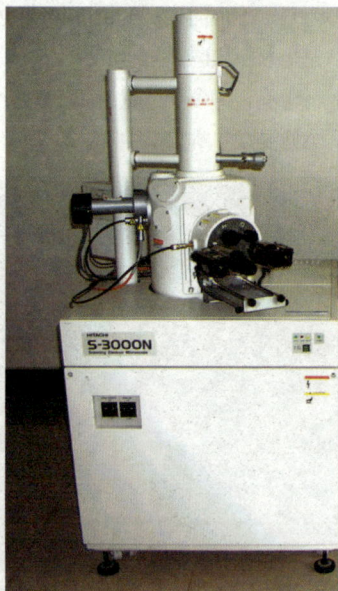
● 扫描电子显微镜

镜子的发明

400 多年以前，在古老的威尼斯城（今意大利境内），住着一位玻璃匠，名叫巴门。那时候，中国就有铜镜了，而在欧洲，镜子还没有造出来。巴门的小女儿长得很漂亮，她常常跑到河边，对着河面梳头。

河面能倒映出人影，但是不太清楚，巴门的女儿常唉声叹气。因此，巴门决定要给心爱的女儿造一面镜子，让她可以看到自己可爱的脸蛋儿，还有可爱的微笑。他想从玻璃上想办法，试验多次都没有成功。

有一天，巴门出去给客户送玻璃。途中路过哥哥家，他就进去休息一会儿，顺便还想向哥哥借点儿钱。巴门

● 镜子自发明以来，一直是人们日常生活中不可或缺的用品

的哥哥是一位打制银餐具的工匠。他一听说弟弟来借钱就不高兴，夺过巴门手中的玻璃板，顺手丢到银板上，说道："你又要借钱，我还不够用呢！"巴门心里一惊，走过去想看看玻璃板碰坏了没有。结果他看到了什么？他看到玻璃上照出了自己的面孔，形象非常清晰。巴门高兴地说："我不借钱了，我要借你的银板用一下……"

巴门关门研究了多日，最后决定把银板压得薄薄的，变成银箔，贴在

21

● 现今镜子的样式令人眼花缭乱

● 镜子的发源地——威尼斯

玻璃后面，第一面玻璃镜子就这样造出来了。他的女儿也很高兴。

当时，威尼斯城还是有国王的，国王听了这个消息，就把巴门召进皇宫，请他再造一面镜子送给法国的王后作为一件两国友好往来的礼物。这面镜子非常贵重，据说，它价值15万法郎。威尼斯国王又在一座孤岛上建造了一家皇室制镜工厂，严格保密，工厂四周哨岗林立，工人只许进、不许出，谁敢逃跑便处以极刑。

法国国王路易十四、看到了这面神奇的镜子，想到自己的国家不会制造，心里很不高兴。他对几名暗探说："给你们一个特殊任务……"暗探来到威尼斯，终于弄清了秘密制镜厂设在穆拉诺岛。后来，他们在一个深夜偷偷地潜入岛上，绑架了两名制镜技师，并顺利地返回了法国。

1666年，法国开办了第一家制镜厂。制镜技术从此走向公开化，渐渐地传到了世界各地。

牛顿的发明创造

艾萨克·牛顿是著名的物理学家，1643 年 1 月 4 日出生在英国东南部林肯郡格兰汉镇附近的羊毛村一个农民的家里。

牛顿的父亲在牛顿出生前 3 个月就因病去世了。牛顿出生时非常瘦小，母亲担心这个孱弱的孩子会活不成，但他顽强地活了下来。

两年后，牛顿母亲改嫁给邻村的一个牧师，牛顿只得与外祖母相依为命。

上小学时，牛顿学习一般，但他对手工制作很感兴趣，他把零用钱都攒下来买锤子、锯子、钳子，成天敲敲打打，忙得不亦乐乎。

一次，他看到人影会随着太阳的改变而移动，便兴致勃勃地做了一个日晷——四周有刻度，中间竖一根小棍，从小棍的影子所指的刻度就可以观察时间变化。

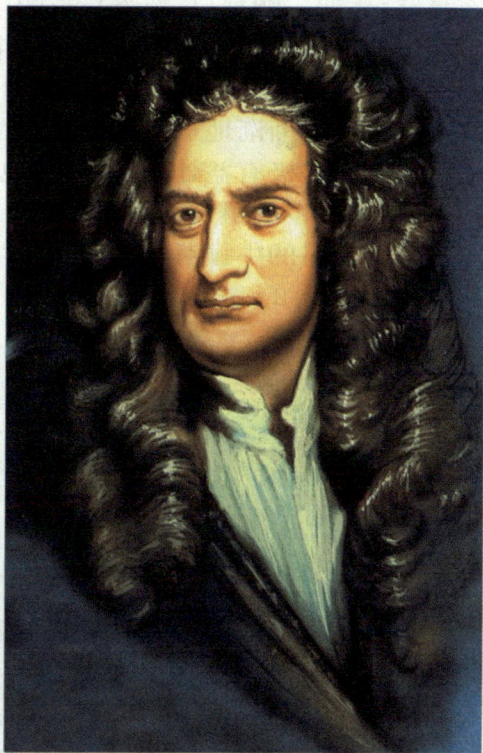
● 牛顿像

12 岁的牛顿进入格兰汉镇中学读书，在这里他仍旧热衷于手工和机械活动，镇上一座用来磨面粉的大风车深深地吸引着他。爱幻想的他总是试图达到前人未有的境界。

不久，他照葫芦画瓢，做了一架小风车。风一吹，小风车的叶片滴溜溜地转动起来，加点儿麦粒进去，就能像大风车一样磨出面粉来。

接着，他又用铁丝做了一个圆的轮子，里面关上一只老鼠。老鼠踩动轮子，使小风车飞快地转起来，居然也能磨出面粉，真不可思议！

他根据"滴漏"的原理，做过一只水钟。这只水钟有上下两个容器，下面那个标有刻度，水从放在高处的容器中一滴滴地漏出来，滴到放在低处的容器里，按照容器壁上的刻度可以读出时间来。

他教同学们做风筝，并把一只点燃的纸灯笼系在风筝尾部，夜里放在高空，犹如一颗彗星，拖着长长的尾巴，横扫天空。

毕业于剑桥大学的镇中学校长斯托克斯很注重学业，常常责备牛顿不用心读书，成绩较差。

而牛顿也渐渐地从手工活动中懂得，学好基础功课，特别是数学，对于机械制作是极有益处的。从此，他用功学习，并取得了较好的成绩。

牛顿15岁时继父去世了，应母亲的要求，牛顿弃学回家，帮助母亲干农活。这时的牛顿对书本产生了浓厚的兴趣。

牛顿放羊的时候，看书入了迷，漫游于奇妙的自由世界，连羊吃

剑桥大学——牛顿曾在此求学

了邻居家的庄稼，他都不知道。

到了赶集的日子，母亲叫他卖东西，他只顾坐在篱笆下，头也不抬地读书，结果什么也没卖掉，回家又受到母亲的责怪。

牛顿很喜欢寻根究底。为了弄清风的力量究竟有多大，他独自在暴风中，先顺着风走，再顶着风走，看用时相差多少，然后计算出风的力量。

● 牛顿雕塑

校长不忍心让这样聪明好学的孩子失去上学的机会，便劝牛顿的母亲让孩子回格兰汉镇中学读书，并且愿意在经济上给予资助。

母亲终于答应了，牛顿高兴地重新回到学校，并在那里刻苦攻读了三年。

1661年，牛顿，由校长推荐进入剑桥大学读书。

在大学里他学了很多课程，并且与数学家伊萨克·巴罗建立了深厚的友谊。

巴罗同中国传说中的伯乐一样，独具慧眼，当他发现牛顿是个天才后，便将自己的数学知

● 现代科学之父——牛顿

25

反射望远镜

识全部传授给了牛顿。1665 年，牛顿大学毕业，获得了学士学位。由于当时欧洲鼠疫大流行，学校停课，因此他离开学校回到故乡，这一过便是两年。而正是这韬光养晦的短短的两年，是牛顿一生中科学发明的全盛时代。

在牛顿一生的科学发明中，成就最大的是微积分、光学和万有引力定律。

1667 年，鼠疫平息了。牛顿重返剑桥大学，成为一名研究员。第二年，他获得了硕士学位，并成为物理数学教授。

牛顿在乡间时，磨制过一块三棱镜，并把一束白光散射成七种颜色。结果，他不但测定了组成太阳的物质，而且发现了几种新元素。

牛顿还运用光线折射原理，发明了一种新型望远镜——反射望远镜。反射望远镜的发明引起了人们极大的兴趣。牛顿很快被选为皇家学会的正式会员。牛顿在学会里结识了许多著名的科学家。此间他联想到那年秋季的一天傍晚，在乡间花园的苹果树下，一只成熟的苹果落地，恰巧砸在了他的头上。为什么苹果不向其他方向掉呢？是不是地球在吸引它？

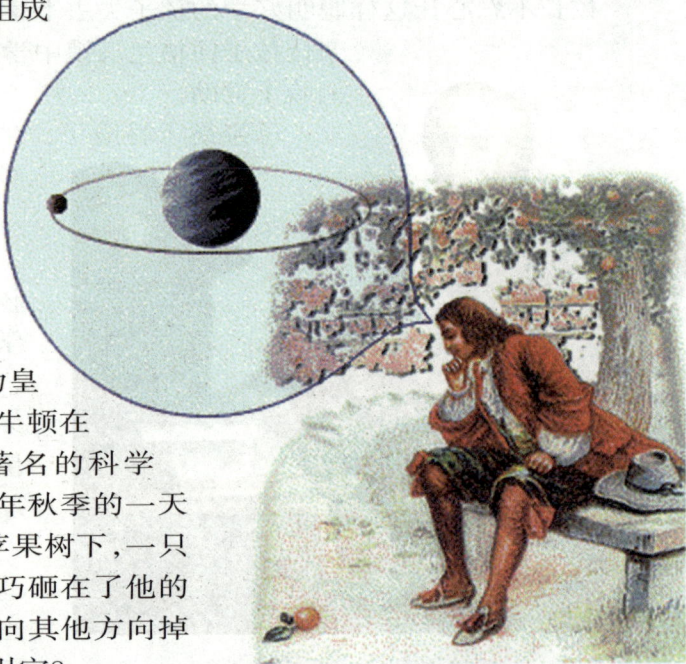

由苹果落地，牛顿设想出万有引力定律

最后，他以对待科学极其严谨的态度，计算并验证了万有引力定律。科学家们用这个定律测算出彗星出没的时间，并发现了海王星、冥王星。

1687 年，牛顿的科学巨著《自然哲学的数学原理》问世。著名的牛顿运动定律，就包含在该书所阐述的动力学原理中。

这些都是牛顿在前人积累的知识的基础上辛勤劳动得来的。因此，牛顿曾谦虚地说："如果说我所看的比笛卡儿远一点儿，那是因为我站在巨人肩上的缘故。"

《自然哲学的数学原理》一书出版后，整个世界轰动了。恩格斯对牛顿的科学贡献评价很高，说他超过其他任何一位自然科学家。

牛顿的科学成就影响深远，直至今天，牛顿力学仍然是一切机械、土木建筑、交通运输等工程技术的理论基础。

科学家并非"超人"，天才还需勤奋。牛顿回答别人自己的这些成就是怎么得来时说："我并没有什么方法，只不过对于一件事情，总是花很长时间很热心地去考虑罢了。"

牛顿做起研究来总是忘我的。一次，牛顿的一位朋友来看望他，当时牛顿正在自己家中的实验室做实验，朋友等到中午吃饭时还不见牛顿，便把餐桌上的一盘鸡吃掉了。后来牛顿回来，边道歉边揭开盘上的盖子，只见盘中只剩一堆鸡骨头，便大笑说："哈哈，我还以为我没吃过午饭，原来早吃过了。"

还有一次，一位朋友到牛顿家吃饭，客人入了席，牛顿去拿酒，可客人等得饥肠辘辘，也不见牛顿回来，原来他又去做实验了。

一天早晨，牛顿正在想一个复杂的问题，女仆准备替他煮两个鸡

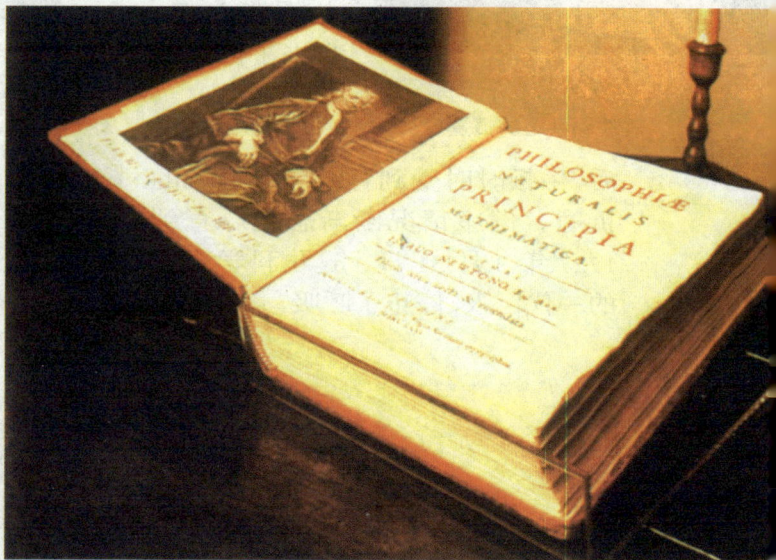

●《自然哲学的数学原理》

蛋,牛顿怕被她打扰思路,就叫她把锅放下,他自己来煮。一会儿,女仆返回来准备收拾餐具,只见牛顿仍在专心致志地工作,鸡蛋仍在桌上,而沸水滚滚的锅里却放着一块怀表。

牛顿在衣着方面也从不讲究。每次出席活动,家里人一定要预先替他打份一番,因为以英国上流社会的标准,他的样子实在是难登大雅之堂。

牛顿的研究开辟了好几个科学领域的新时代,这在科学史上是没有先例的。

可惜的是,活了85岁的牛顿,科学生涯在50岁时就已基本终止,晚年的牛顿,又与科学背道而驰了。

在牛顿的整个后半生,他埋头于炼金术的研究。

然而牛顿在力学、天文学上的成就,着实给英国资产阶级在开展海外殖民、贸易竞争等方面,带来了巨大的实际利益。

80岁以后,牛顿时时受到肾结石和痛风的折磨,健康情况渐渐恶化。直到1727年3月31日,这位科学史上的一代巨人,停止了呼吸。

● 牛顿像

蒸汽机的发明

1736 年 1 月 19 日，在英国造船业中心格拉斯哥市附近的一个小镇格林诺克，詹姆斯·瓦特出生了。

瓦特的父亲是一个熟练的造船装配工人。瓦特从小体弱多病，不能按时入学，只能在家接受父母的启蒙教育。瓦特从小就善于观察事物，勤于思考，更喜欢自己动手。碰到一些问题，他常常冥思苦想，如痴如醉，因此往往被人误解，在学校时，有的同学叫他"神经质的呆子"。

瓦特很喜欢几何学，有一次家里来了一位客人，客人看见瓦特蹲在地上，用粉笔东画西画，不去上学，就以为瓦特是个不肯上进的孩子，父亲笑着让客人细看，原来小瓦特正在解一道几何难题。

● 瓦特像

后来，瓦特进了格林诺克的文法学校，数学成绩特别优秀。由于身体不好，他没有毕业就退学了，但是他继续在家里自学。15 岁时，他自学完成了《物理学原理》等书籍。

瓦特经常到父亲的工厂去，自己动手操作机器，制作各种机械模型，修理航海仪器，进行化学和电学实验。经过几年的努力，他获得了丰富的木工、金属冶炼加工等工艺技术，为后来的发明创造打下了基础。一次，他和姨妈坐在炉子旁，恰巧炉上壶里的水开了，壶盖在蒸汽的推动下发出了声响，这一现象引起了他极大的兴趣。他不起身灌开水，却死死地盯

● 瓦特改良的蒸汽机模型

着被蒸汽掀起的壶盖。姨妈莫名其妙，还责怪他是个"懒孩子"。就是这一常见的现象激发了瓦特的想象和探索欲，使他逐渐悟出了这一现象的科学原理，促成了他的伟大发明。

1753 年，父亲破产，家里一贫如洗，瓦特只能到格拉斯哥的一家钟表店去学手艺。

1755 年，瓦特去伦敦给有名的机械师摩尔根当学徒。瓦特刻苦学习，不久就能制造难度较高的象限仪、罗盘和经纬仪等仪器了。

刚满 20 岁的瓦特由于患有严重的风湿病，劳累过度而病倒了，只好回家休养。身体稍有好转，他又回到格拉斯哥，想以仪器修造者的身份开店，但因学手艺没有满七年，当地行会不准他开店。

1757 年，经朋友介绍，瓦特进入格拉斯哥大学。当了修理教学仪器的工人。这所学校的仪器设备较完善，使他在修理仪器的实践中掌握了先进技术，开阔了眼界。

在大学里，他认识了化学家约瑟夫·布莱克和约翰·鲁宾逊，并从他们那儿学到不少科学理论知识。他们三人对改进蒸汽机都颇有兴趣，经常聚在一起，热烈讨论这件事。

● 瓦特的蒸汽机装置

1764 年，格拉斯哥大学的一台纽可门蒸汽机的教学模型坏了，让瓦特来修理，瓦特不但很快地修好了这台模型，而且对这种当时最先进的蒸汽机做了深入研究。

他向布莱克等人请教，终于找到纽可门蒸汽机耗煤量大、效率低的原因。原来在纽可门蒸汽机中，蒸汽在汽缸中膨胀做功，又在汽缸中冷凝，汽缸一会儿加热、一会儿冷却，浪费了很多的热量。

1765 年 5 月，瓦特找到解决问题的方法：在汽缸外面单独设置一个蒸汽冷凝器。他立

● 瓦特在改良蒸汽机

即租了一间地下室，借资金进行试制。

他和几个助手夜以继日，经过无数次试验，终于在 1768 年制造出一种能够运转的蒸汽机。

1769 年 1 月 5 日，他申请专利获得批准。这台单动作蒸汽机，采用了多种新措施，如用油来润滑活塞、在汽缸外设置绝热层等。

结果它的耗煤量大大降低，只有纽可门蒸汽机的 1/4，动作又比纽可门蒸汽机迅速、灵活。

一些本来因为排水困难而要关闭的煤矿，在使用瓦特的单动作蒸汽机后，生产很快得到恢复。

1782 年，瓦特又获得"双动作蒸汽

● 瓦特雕像

机"的专利。1784 年,他在一份专利文件里提出"平行连杆机构"的概念,有了它,蒸汽机具有了更广泛的实用性。

4 年后,瓦特发明离心调速器和节气阀;1790 年,他又完成汽缸示功器的发明。至此,瓦特才算完成了对蒸汽机的整个改进过程。到十九世纪三四十年代,蒸汽机已在全世界广泛应用,世界正式进入了"蒸汽时代"。

瓦特由此成了伯明翰太阴学会的成员。1785 年,他又被选为伦敦皇家学会会员,1806 年被授予格拉斯哥大学法学博士头衔,1814 年被接收为法国科学家学会的国外会员。

瓦特除了蒸汽机的改进外,还发明了一种液体比重计、一种信件复印机。是他最先提议用螺旋桨来推进轮船,也是他第一个采用"马力"作为功率的单位。

蒸汽机的发明与改进对 19 世纪欧洲的工业革命起了巨大的促进作用。后人为纪念这位伟大的发明家,把功率单位定名为"瓦特"。

● 蒸汽机带动的火车

避雷针的问世

● 富兰克林像

1752年6月的一天，在美国费城，一位名叫富兰克林的科学家，做了一个轰动世界的实验。

富兰克林和他的儿子威廉带着风筝和莱顿瓶(一种可蓄电的容器)，奔向郊外田野里的一间草棚。

这可不是一只普通的风筝，它是用丝绸做成的，在它的顶端绑了一根尖细的金属丝，作为吸引闪电的"接收器"。金属丝连着放风筝用的细绳，这样细绳被雨水打湿后，也就成了导线。细绳的另一端系上绸带，作为绝缘体，避免实验者触电。在绸带和细绳之间，挂有一把钥匙，作为电极。

富兰克林和他的儿子连忙乘着风势，将风筝放上了天。风筝像一只矫健的鸟儿，渐渐地飞到云海中。

父子俩躲在草棚的屋檐下，手中紧握着没有被雨水淋湿的绸带，目不转睛地观察着风筝。

突然，天空中掠过一道耀眼的闪电。富兰克林发现，风筝引绳上的金属丝一下子竖立起来。这说明，闪电已通过风筝和引绳传导下来了。富兰克林高兴极了，他禁不住伸出左手，触碰了一下引绳上的钥匙，"哧"的一声，一个小小的蓝火花跳了出来。

● 美国宾夕法尼亚大学内的富兰克林铜像

"这果然是电!"富兰克林对威廉喊道。他连忙把引绳上的钥匙和莱顿瓶连接起来，莱顿瓶上电火花闪烁，这说明莱顿瓶被充电了。

事后，富兰克林用莱顿瓶收集的闪电做了一系列的实验，进一步证实了闪电与普通电完全相同。

富兰克林的这一风筝实验彻底地击碎了闪电是"上帝之火""煤气爆炸"等说法，使人们真正认识到闪电的本质。因此，人们说："富兰克林把上帝与闪电分了家。"

富兰克林的风筝实验绝不是一时冲动所做的。早在数年前，他就致力于电的研究，并在人们不知"电为何物"的时代，指出了电的性质。

在一次研究的意外事件中，他得到启迪。有一次，他把几只莱顿瓶连在一起，以加大电容量，不料实验的时候，守在一旁的妻子丽德不小心碰了一下莱顿瓶，只听"轰"的一声，一团电火花闪过，丽德被击中倒地，面色惨白，休息了一个星期身体才康复。

"莱顿瓶发出的轰鸣声，放

● 富兰克林正在进行风筝实验

出的电火花，不是和闪电一样吗？"富兰克林大胆地提出这个设想。经过反复思考，他推测闪电就是普通的电，并找出两者的12个相同之处：都发出亮光；光的颜色相同；路线都是曲折的；运动都极其迅速；都能被金属传导；都能发出爆炸声或噪声；都能在水或冰块中存在；通过物体时都能使之破裂；都能杀死动物；都能熔化金属；都能使易燃物燃烧；都有硫黄气味。

1747年，富兰克林把他的这些想法写成论文——《论雷电与电气的一致性》。他将论文寄给他的朋友——英国皇家学会会员科林逊。可当科林逊将论文送交英国皇家学会讨论时，得到的却是一阵嘲笑。许多权威科学家认为富兰克林的观点荒唐无比，"把科学当作儿童的幻想"。

对于权威人士的嘲笑、奚落，富兰克林不予理睬，终于在做好各种准备的情况下，冒着生命危险，做了风筝实验。

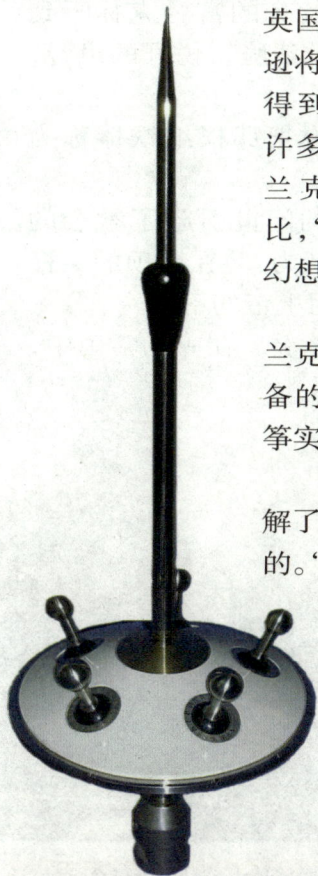
● 避雷针

富兰克林从风筝实验中不但了解了雷电的性质，而且证实雷电是可以从天空"走"下来的。"高大建筑物常常遭到雷击，能不能给雷电搭一个梯子，让它乖乖地'走'下来呢？"富兰克林想。

正当富兰克林思考这一问题的时候，从俄国圣彼得堡传来了一个不幸的消息：1753年7月26日，科学家利赫曼为了验证富兰克林的实验，在操作时，不幸被一道电火花击中身亡。这更坚定了富兰克林研制避免雷击的装置的决心。

富兰克林先在自己家做实验：在屋顶高耸的烟囱上安装一根3米长的尖顶细铁棒，在细铁棒的下端绑上金属线；沿着楼梯，把金属线

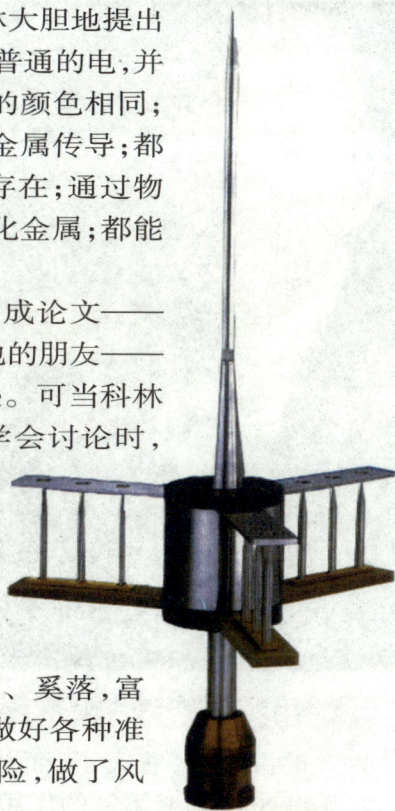
● 避雷针降低了雷电事故的发生率

● 避雷针的发明者本杰明·富兰克林

引到底楼的一个水泵上 (水泵与大地有接触)；将经过房间的那段金属线分成两段，且将两股线相隔一段距离，各挂一个小铃。这样，如果雷电从细铁棒进入，经过金属线进入大地，那么两股线受力，小铃就会晃荡，发出响声。

一天，电闪雷鸣，暴风雨就要来了。在雷声、雨声的"伴奏"下，守候在房间小铃旁的富兰克林听到了小铃发出的清脆、悦耳的声音，他高兴地笑了。

富兰克林把那根细铁棒称为"避雷针"。

避雷针的问世引起了教会的反对。他们认为，装在屋顶的尖杆指向天空是对上帝的不敬。

然而有一次，在一场雷雨中，教堂被雷劈中，着火了，而装有避雷针的房屋却平安无事。于是，避雷针的作用被人们认可，避雷针的应用也很快推广开来。至1784年，全欧洲的高楼顶上都用上了避雷针。

● 人们为了纪念本杰明·富兰克林，将费城最大的林荫大道命名为本杰明·富兰克林大道

轮船的发明

● 富尔顿像

你知道轮船是谁发明的吗？是著名的美国工程师富尔顿。

富尔顿小时候非常淘气，喜欢游泳、爬树、钻山洞，而且特别喜欢画画，画的画就跟真实的东西一样。可是，他的功课不好，常常被老师批评，因为他的玩心太重。但老师不得不承认，富尔顿很聪明，喜欢动脑筋，特别爱问"为什么"。

一天，富尔顿瞒着大人，跑到河边，登上小木船，划着木桨去钓鱼。船行驶到半路上，忽然碰到大风，无论他怎样拼命地划动木桨都无法使船前进，好不容易费了九牛二虎之力，才使船走了十几步水路。他灰心了，只得满头大汗地弃船登陆。

在回家的路上，他的脑子走马灯似的转开了：为什么船顶风就划不动？为什么拼命划桨也没用？怎样划船不费劲呢？有没有顶着风也能航行的办法呢？晚上，富尔顿在床上翻来覆去睡不着。

第二天，风停了，富尔顿又到河边去玩。他解开系绳，跳上那只木船，又研究起昨天路上想的问题。想啊，想啊，他忘记了划桨，只是将两只脚垂在河里，不停地晃荡、搅动。不知不觉，小船竟慢慢地荡到河中心。

他猛然从苦思冥想中惊醒过来：啊，多怪呀！他终于发现：两只脚只要搅在水里不停地晃荡、搅动或者拍击河水，就能让船前进。

于是，一连串的奇想涌上富尔顿的心头：为什么两只脚在水里不停地晃动能使船前进呢？有没有机器能代替两只脚呢？

回到家，富尔顿就用铅笔在纸上涂抹。画着画着，他突然高

● 1807 年美国富尔顿发明的世界第一艘投入运输的木壳明轮船——"克莱蒙特"号

兴地跳起来：如果在船上装一个风车似的桨叶在轮子上不断地转动，拍击河水，这岂不是跟双脚搅动一样，可使船前进吗？他很快地将船和桨叶、轮子都画好了。

可是，怎样才能使画上的桨叶轮变成现实的桨叶轮呢？富尔顿这才感觉到自己的知识太不够用了。从此，他刻苦学习功课，还深入地钻研有关造船的知识。

终于在 1807 年，他造出了世界上第一艘用机器推动的船——轮船。

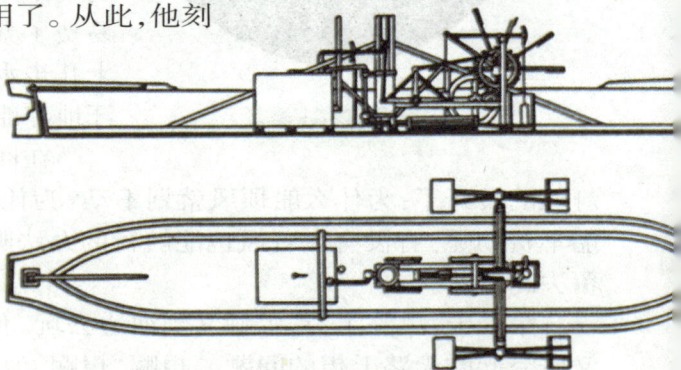

● 富尔顿 1799 年设计的一艘汽船的设计简图

火车的发明

1781 年 6 月 9 日,乔治·斯蒂芬孙华勒姆村出生于英国诺森伯兰郡的。他的父亲是煤矿的蒸汽机司炉工,母亲是一个普通的家庭妇女。一家八口全靠父亲的一点儿工资生活,日子过得十分艰难。

为了减轻父亲的负担,8 岁那年,斯蒂芬孙去给人放牛。然而,艰苦的生活条件、繁重的体力劳动,并没有磨灭斯蒂芬孙强烈的求知欲。放牛的时候,他常用泥巴做模拟的蒸汽机,锅炉、汽缸……一应俱全,像真的一样。

每当去煤矿给父亲送饭的时候,斯蒂芬孙总是围着轰

● 斯蒂芬森像

隆隆转动的机器入神地看个没完。他想,自己长大以后,要是也能像父亲那样当一个司炉工,操纵巨大的蒸汽机干活,那该多好哇!

斯蒂芬孙 14 岁那年,真的当上了一名见习司炉工,望着炉膛里的熊熊火焰,听着机器隆隆的轰鸣,他兴奋极了,一会儿往炉膛里添煤,一会儿给机器擦去油污,累得满头大汗,也不肯坐下来歇一歇。

一个星期六下午,工人都回家了。斯蒂芬一个人留在工房里,借口清洗机器零件,把蒸汽机拆卸开,想好好了解一下它的内部结构。没想到拆开容易装配难,等他把一大堆零件重新装配起来,天已经黑了。

这一夜斯蒂芬孙没有睡好觉,生怕第二天机器开动不起来,耽误了

生产，老板会惩罚他。第二天天还没亮，他便急急忙忙地赶到工房，生火加煤，试着发动这台重新装配的蒸汽机，结果一下子就发动起来了，而且运转得比平时还好。

这件事大大鼓励了斯蒂芬孙，他渴望自己也能制造一台机器。他模仿拆装过的那台蒸汽机画了一张草图，煤矿的总工程师看后高兴地拍着他的肩膀说："好啊，有志气的孩子，希望你多读书，多掌握科

学知识，将来发明一台比蒸汽机更好的机器。"

为了填补科学知识的空白，斯蒂芬孙决心从头学起。他白天要做工，还要抽空给人擦皮鞋、修理钟表，以便赚些钱来补贴家用。尽管已经十分劳累了，但是他每天晚上都夹着书本，坚持到煤矿的夜校去上课。

那时候，他已经是一个 17 岁的小伙子了。可是他不怕羞，和那些七八岁的孩子坐在一起，认真地听老师讲课。由于他勤奋好学、刻苦用功，很快就掌握了许多科学知识。22 岁那年，斯蒂芬孙成了一名机械修理工。

有一天，煤矿的一台蒸汽机突然发生故障，工程师们都束手无策。斯蒂芬孙自告奋勇，请求总工程师允许他试一试，结果他竟然修好了这台机器。煤矿经理听说这件事后，破格把这个牧童出身的机械修理工提拔为工程师。

斯蒂芬孙生活的时代是资本主义迅速发展的时期。1781 年，瓦特改良了蒸汽机，给大规模的机器生产提供了强大的动力，生产出来的工业产品大大增加，迫切需要先进的交通工具，以便尽快地把这些产品运到各地去销售。

1801 年，英国人特列维蒂克制造出了第一台蒸汽机车。可这种机车只有一个汽缸，机身很大，力量很小，靠齿轮传动，开起来声音震耳欲聋，一摇一摆，变换速度困难，经常出轨。经过几次失败，特列维蒂克灰心丧气，就不再研制机车了。

就在这一年，英国还制造出了一台机车，这台机车重 5 千克，每小时能走 8 千米，最多只能拉十几千克货物，并且经常出事故。许多人都讥笑说："火车还不如马车跑得快呢。"

斯蒂芬森的"旅行"号机车

就在这种情况下，斯蒂芬孙开始了对火车的研究。他从前人的经验中得到启示：火车要想拉得多、跑得快，必须有"大力士"蒸汽机。他不知疲倦地阅读了大量有关蒸汽机的书，还实地考察了各种类型蒸汽机的特点。

他长途跋涉，步行 1000 多千米，来到瓦特的故乡苏格兰，在那里整整工作、研究了一年。从瓦特研究改良蒸汽机的过程中，斯蒂芬孙懂得了能的转化和能量守恒定律。也就是说，汽缸里的蒸汽温度越高，能量就越大。

于是，他着手研制新的蒸汽

正在急速行驶的火车

机车，把当时的立式锅炉改为卧式锅炉，用扩大炉膛的办法来增加锅炉的受热面积。并且，机车改用了卧式锅炉，高度降低，行走、转弯就平稳多了，也更灵活了。

他还在车轮的圆边上加了轮缘，防止火车发生出轨事故，以保证行车安全。就这样，经过多年的研究和反复试验，1814 年，斯蒂芬孙制造出了一台名叫"半统靴"号的机车。

斯蒂芬孙亲自驾驶这台机车，在煤矿进行了试车表演。试车结果是这台经过改进的机车果然比以前的机车拉得多、跑得快，美中不足的是，它仍然震动很厉害。

● 火车是重要的陆上运输工具

● 斯蒂芬森的"火箭"号机车

在试车过程中，由于机车上的螺栓被震松了，结果翻了车，把乘坐该机车的英国国会议员和英国交通公司董事长摔伤了。这样一来，许多人嘲笑和指责斯蒂芬孙，连一些原来赞成试验的官员也断言用蒸汽机作为交通工具是根本不可能的。

斯蒂芬孙并没有因此止步不前。他以巨大的勇气和毅力，决心对机车继续进行研究和改造。为了

● 铁路的出现标志着火车时代的到来

减轻火车行进时的震动，斯蒂芬孙经过多次试验，终于成功地在火车上装置了减震弹簧。

为了增大锅炉所产生的蒸汽量，斯蒂芬孙从薄玻璃杯传热快、不会炸裂的事实中得到启示，没有采用增加锅炉壁厚度的办法，而是让加入锅炉的冷水先经过预热管预热，这样就避免了温度骤起变化引起锅炉破裂。

他还采取了许多改进措施，如把汽缸里的废气用小管通到烟筒里去，利用它向上的冲力，使煤烟出得比原来更顺畅，这就使得炉膛中的空气循环加快了，大大提高了煤的燃烧质量，噪声也减少了。

经过这一系列的改进，斯蒂芬孙终于造出了牵引力大、运行安全的"旅行"号机车。这以后，从1823年开始，斯蒂芬孙负责修建从斯托克顿到达灵顿的铁路，历时两年终于建成。

1825年9月27日清晨，天还没有大亮，斯托克顿的许多居民早早起了床，他们有的步行，有的骑马，有的坐车，络绎不绝地向同一地点赶去。原来就在这一天，斯蒂芬孙要亲自驾驶"旅行"号，拖着6节煤车和20节挤满乘客的车厢，轰隆隆地向达灵顿方向驶去。人们欢呼雀

● 斯蒂芬孙把火车正式推上历史舞台

43

跃,有些骑马的小伙子催马紧随在火车后面,一边奔跑一边大声喝彩。

　　当这列火车以每小时 24 千米的速度越过中途的一个大斜坡,安全到达终点站达灵顿的时候,斯蒂芬孙才发现,列车上竟载了 450 名乘客加上 6 节煤车,载重量已经达到了 90 千克,他欣喜若狂。

　　但是在成功和荣誉面前,斯蒂芬孙并没有自我陶醉,就此止步。他继续致力于火车的研究和改进工作,和他的儿子罗伯特·斯蒂芬孙一起,设计制造出了一台名为"火箭"号的新机车。

　　就在这期间,英国政府决定在利物浦和曼彻斯特这两大城市之间修筑一条铁路。斯蒂芬孙被聘请为修筑这条铁路的工程师,在当时的条件下,这是一项规模空前的大工程。他和工人们一起,克服了重重困难,如期修成了这条铁路。

　　斯蒂芬孙的成功大大鼓舞了人们研制火车的士气。1829 年 10 月,在利物浦附近举行的一次火车比赛中,斯蒂芬孙制造的"火箭"号机车荣获冠军。从此,火车正式登上历史舞台,使陆上交通运输的发展进入一个新的时期。

● 早期的小火车站

44

电报机的发明

1832年秋天，美国人莫尔斯到法国去旅行。在他从法国返回美国的途中，客轮发生了事故。

客轮在海上要航行好多天，海上的生活非常枯燥乏味，旅客常坐在一起，借闲聊打发时光，餐厅也就成了人们聚会的好地方。

这一天用完餐之后，人们聊天的聊天，打牌的打牌，莫尔斯津津有味地在听一个名叫杰克逊的人讲他的欧洲之行。杰克逊到巴黎参加过一个电学讨论会，为了与大家共同消磨时光，他从包里取出一件新鲜的玩意儿，摆弄给大家看。只见杰克逊把几只铁钉放在桌上，然后取出一块被绝缘铜丝缠绕的马蹄形铁块。当他把铜丝接上电池时，桌上的铁钉竟然着了魔似的全被吸到了铁块上。杰克逊把电断开，铁钉都掉了下来，再通电，铁钉又被吸住了……

● 莫尔斯像

在当时，船上所有的旅客，只是把它当作一件"新鲜的玩意儿"，谁也没有去想，这"玩意儿"还能创造人类的奇迹。莫尔斯的内心却被震动了，回到船舱之后，他反复地回想着杰克逊的小实验，想着他有关电学的种种话题。他想：如何把这神奇的现象运用到人们的实际生活中去呢？我一定要找到它的实际用途，使电流为人类服务。这一夜莫尔斯失眠了，好奇心已开始转化为一种带有责任感的思考。他想到自己在法国见到的信号中转站：如果把电流用于信号传递，一定有用武之地。

回到纽约后，一直从事美术工作的莫尔斯改行了，开始研究电信号传递，一切都得从头学起，困难一个个向他袭来，但他没有回头。莫尔斯勤奋地学习有关电学的知识，一边做起实验来。那时候，电学是刚出现的学科，一切都不完备，到处都找不到需要的实验材料，哪怕是现在看来很简单的电器小零件。莫尔斯一边做实验，一边还得动手做各种需要的零件。整整四年，他把自己的全部精力都投入了上去。

● 莫尔斯式继电器人工电报机

这一天，莫尔斯的心情非常激动。从华盛顿市到巴尔的摩市的电报线完工了，他将在美国国会大厦最高法院的议会大厅里向各界来宾表演他发明的电报机。他将在这里把电文传到约64千米外的巴尔的摩市。

"滴滴，滴滴，滴嗒——"莫尔斯用自己发明的电码（现称莫尔斯电码）发出了人类有史以来的第一份有线长途电报，这份电报只有一句话："上帝创造了何等的奇迹。"这句话是从《圣经》中选出来的。但真正的"上帝"正是具有非凡创造力的人类。

● 莫尔斯成功拍发世界上第一份电报

自行车的发明

自行车的发明经历了一个漫长的过程。

1801 年，俄国有个农奴发明了一辆前后装有两个木轮，中间放着一个坐凳的怪车子。这辆怪车子就是现代自行车的老祖宗。

后来，有个德国人用木头在怪车的前面做了一个车把，又有个法国人发明了链条和脚踏。由于众人的努力，自行车才有点儿现在的模样了。但是，它还很不科学，两个木轮子踩起来非常吃力。

直到 1888 年，英国医生邓洛普发明了轮胎，现代自行车才基本定型。

● 邓洛普

关于邓洛普医生发明轮胎，还有一个有趣的故事呢！

● 世界上第一只充气轮胎

邓洛普医生很疼爱自己的儿子，他弄了一辆自行车，给儿子骑着玩。可是由于自行车的轮子是木头做的，儿子骑着它非常吃力，而且常常摔得鼻青脸肿。

邓洛普看到儿子那副模样，怪心疼的。他想，要是能把自行车改进一下，那多好啊！

一天，他拿着橡胶管，在花园里浇花，水在管子里流动，震得他的手心痒痒的。橡胶管的这种弹性，使他一下子联想到儿子爱玩的自行车，他想：把橡胶管灌满水，不就能减

47

轻车子的颠簸了吗?

　　想到这儿,他高兴极了,便慌忙收拾水管,恨不得马上把管子安到自行车上。

　　经过反复的试验,邓洛普终于在 1888 年用浇花的橡胶管制成了轮胎——全世界所有自行车、汽车橡胶轮胎的老祖宗。

　　发明轮胎的邓洛普,为自行车的发展立下了汗马功劳。装上灌水轮胎后的自行车,颠簸得到了一定的缓冲,骑起来轻便多了。

● 电动自行车

　　后来,人们发现每次给轮胎灌水十分麻烦,于是又有人把灌水轮胎改为弹性更大的充气轮胎。从此,自行车就成了既轻便又灵活的交通工具,获得了人们的喜爱。

● 自行车

打字机的发明

● 打字机的出现使写作也机械化了

19世纪时,办公室里的办事员"一统天下"。他们坐在高级写字台旁,用手费劲地写着各种东西。定货单、发货清单、商务函件和报表,全都是用笔蘸墨水写成的。

多少年来,许多人试图发明一种使这个工作变得容易些、快速些,并且更为有效的机器。早在1714年,英国工程师亨利·米尔便获得了一项关于写字机器的专利,但没有留下这种机器的任何图样。

第一台实用打字机的设计者是一位美国人。19世纪60年代,克里斯多弗·拉撒姆·肖尔斯和卡洛斯·格利登正试制一台能自动给书编页码的机器。忽然,格利登向肖尔斯讨教,为什么机器不能同时在书本上印字。肖尔斯冥思苦想,制作了一架木质的打字机模型。就像后来出现的无数打字机一样,这种打字机有一个键盘、一些铅字连动杆和一条油墨丝带。

一家武器制造商——雷明顿公司察觉到肖尔斯设计物的潜在用途,买下了它的生产权。1873年打字机开始投产,3年时间就销售了数千台。办事员开始被秘书所取代,商务函件也彻底改变了其外观。

打字机在不同的地方有所变化,因为世界各地使用的文字和字母系统不同。大多数打字机约有50个键,而中文打字机则有一个单键和总数为3 000个书写符号的若干托盘。

● 现代打字机

邮票的来历

在100多年以前,世界上还没有邮票,寄信往往由收信人支付邮资。有一天,英国的一个村庄出现了这样一件事:当邮递马车来到村庄时,马上被人们围住了,大家都盼望马车带来远方亲人的消息。邮递员取出邮件,叫一个取信人就收一个人的钱。

这时,一个年轻的姑娘听到叫她的名字,喜上眉梢,接过信看了两眼,吻了一下,马上把信退回去,说:"先生,对不起,我没有那么多钱付邮费。"姑娘说完,就伤心地低下了头。

在场的人见了,都很同情她。一位名叫希尔的先生连忙掏出钱,慷慨地为她付了邮资。这时姑娘却说:"先生,请收回你的钱吧,信对我来说已经没有用了。"

原来,信是姑娘的未婚夫写来的。他们事先约好,如果信封的右下脚画的是"○",就表明他在伦敦找到了工作,如果画的是"×",表明还在找工作。因此,姑娘一看信封就明白,不用花钱取信。

希尔知道真相后,对他们的做法很生气,心想:要是让寄信人付邮资,再在信封上做个记号,不就可以防止这种事情再发生了吗?于是,他设计了几张像钱的小票——邮票,并把自己的想法报告给了英国政府。

1840年5月6日,英国政府采纳了希尔的建议,正式发行邮票。英国首次发行的邮票图案为维多利亚女王的肖像。

邮票的发明对通信事业的发展起到了极大的促进作用。

● 香港邮票

化肥的发明

　　现在我们当然都知道,施用氮、磷、钾化肥可以使农作物增产。可是,在 150 多年前的德国,能认识到这一点的人可不多。那时,农民种地只施用土杂肥,天长日久,地力逐渐下降,农民的收成越来越少,生活也越来越贫困。富有同情心的吉森大学的化学教授尤斯图斯·李比希(1803—1873)看到这种情况,万分焦虑。"怎么才能使农业增产呢?"李比希苦苦思索着,"看来光靠土杂肥不行,应该闯出一条新路来。"那时,李比希也像大家一样,不知道用氮、磷、钾化肥可以增产。但他作为一位化学家,敏锐地考虑到应该分析一下土杂肥的化学成分,它们凭什么能使农作物增产呢? 他首先研究了

● 李比希

前人对植物营养之谜的探索成果,搞明白土杂肥中确实含有植物生长所必需的化学物质,如氮、磷、钾等,不过含量有限。

　　"能不能把植物生长所必需的这些化学物质直接施入土中,以增加土壤的肥力,使农作物增产呢?"李比希的脑海里猛然闪现这么个念头,这可是一个大胆的设想!

　　光凭脑子想是不行的,关在实验室里做试验,也解决不了问题。于是,教授亲临田间地头,把化学从实验室里"请"了出来,在一块不毛之地做起了施用无机盐类的实地试验。

　　李比希带领他的工人,将试验田分为几个地段,分别施入不等量、不同品种的无机盐类,精心地照看庄稼,一丝不苟地做详细记录,进行分

析、比较。辛勤的劳动使李比希获得了珍贵的第一手资料，比如，同一种药品，用量不同，效果就不同。用量适中，庄稼根肥苗壮，枝叶茂盛，果实丰满；用量不当（多或者少），庄稼就会茎萎叶黄，甚至枯死绝收。而不同的药品，有的能促进农作物的生长，确有增产的效果；有的反倒对农作物生长不利，甚至起破坏作用。

1840 年，李比希将他田间试验所得的启发写成了一部书——《有机化学在农业和生理学中的应用》。该书一问世，便引起了国内外的强烈反响，特别是受到农民和庄园主的热烈欢迎，成了供不应求的抢手货。因为长期困扰着人们的土壤肥力问题，如今终于第一次由李比希做出了科学论证。

李比希告诉人们，植物生长不仅需要碳、氢、氧、氮，还需要磷和钾，以及少量的硫、钙、铁、锰、硅等多种元素。植物吸收所有元素的唯一来源就是土壤。为了不使土壤逐步贫瘠，造成农作物减产，仅靠农家肥、草木灰是远远不够的，必须使用人造肥料，尤其是磷肥和钾肥。于是，李比希又开始转入人造化肥的研制工作。这是人类第一次有意识地制造化肥。

李比希经过反反复复的试验，终于研制出一种优于碳酸钾（碳酸钾极易溶于水，肥效虽快却难维持）的颗粒状新化肥。施用后，增产效果显著。李比希因此获得了生产此种化肥的专利。

李比希率先把化学应用于农业生产，提出了植物的矿质营养学说，确定了恢复土壤肥力的施肥法化学原理。他的研究和实践开拓了农业化学这一崭新领域，开创了农业生产中施用人造化肥的新时代。李比希也因此作为农业化学的奠基人而被载入史册。

● 化肥的发明，大大提高了农作物的产量

炸药的发明

阿尔弗雷德·贝思哈德·诺贝尔，1833年10月21日生于瑞典斯德哥尔摩一所简陋的石造房子里。他被人们称为"炸不死的人"。他冒着生命危险研究炸药：1867年，研制成功硅藻土甘油炸药；1880年，研制成功无烟炸药。

他的父亲伊曼纽尔·诺贝尔是位迷恋发明的人，母亲慈爱、亲切，父母的行动深深影响着孩子们。

为了让孩子们接受良好的教育，父母把诺贝尔兄弟送进了斯德哥尔摩一流的学校。

小诺贝尔从小多病，喜欢一个人到田野、河畔，静静地思考。

第一学期结束了，七叶树的叶子落光了，诺贝尔三兄弟拿着全部学科都是优的成绩簿回家了。母亲十分高兴，却更心疼经常因病缺课的小诺贝尔。

● 诺贝尔像

父亲去俄国后，有一天从圣彼得堡来信说："我已经建立了一座小工厂，非常想你们，盼望能够和你们生活在一起。"

母亲一遍遍地读着信，不敢相信这是真的。孩子们却早已欢呼雀跃、欣喜若狂了。

诺贝尔一家乘船来到圣彼得堡，孩子们见到了久别的父亲。回家的路上，孩子们挤在马车里，对异国都市感到十分新奇。

马车在一座很大的漂亮住宅前停住，孩子们为自己有这样的家感到

● 炸药装置

自豪。

父亲经常给孩子们讲些机械原理和发明经过，孩子们很感兴趣，在父亲的指导下，他们搞起了发明。

父亲还为孩子们聘请俄国优秀学者做家庭教师，教授孩子们语言、历史、数学和各种科学知识。

小诺贝尔年纪最小，身体不好，可他的学习速度比哥哥们快，特别是俄语，他的读写能力甚至超过了父亲，渐渐地写起诗来了。

诺贝尔 17 岁了，他有一股向未来世界挑战的信心，父亲打算让他出国深造，学习世界上最新的科学技术。

诺贝尔历时两年的世界旅行从德国开始，接着他到了丹麦、意大利，又到了他向往的巴黎。

白天，他去巴黎大学的研究所，和学生、教授交流；晚上，他躺在床上专心地读诗歌和小说，幻想有一天自己能像雪莱那样成为诗人。

诺贝尔认识了一位巴黎少女，他们在塞纳河畔，在林荫道旁，共同憧憬，享受青春的欢乐。不幸的是，少女染上疾病，离开了人世，这使诺贝尔的心灵受到了沉重的打击。

他深深地怀念着他的心上人，为了摆脱这种悲伤，他告别了巴黎，来到美国纽约，迎接他的是父亲的好友、蒸汽机的发明者埃里克森先生。

在埃里克森实验室工作期间，诺贝尔深深地被科学吸引住了，他树立了

● 炸 药

一辈子献身于科学的信念。

诺贝尔回到圣彼得堡参加了父亲和哥哥们的工作,他负责检查化学药品,改良地雷和水雷。

一天,诺贝尔的家庭教师、化学家吉宁博士和药学家特拉博士找到诺贝尔,说:"我们有些硝化甘油,想请你研制新型火药。这项工作十分危险。"诺贝尔说:"硝化甘油有极强的爆炸力。博士,这项研究归我了。"从那一天起,诺贝尔就埋头研究起硝化甘油了。

为了研究炸药,他到过矿山,到过修筑道路、水坝的地方,看到工人用铁镐吃力地一下一下挖,而坚硬的岩石一点儿也不肯示弱,累得工人满头大汗,也只能刨下一点点……于是他下定决心,要研究出能炸毁岩石的炸药来。

1859 年,波西米亚战争结束,军火订单骤然减少,诺贝尔工厂破产了。父亲带着母亲回瑞典了,诺贝尔兄弟要求留下,重振诺贝尔工厂。

没过多久,父亲给诺贝尔寄来一封信说:"我在黑色火药中掺进了硝化甘油,取得了成绩,但并没有达到预期效果。"

诺贝尔受到了启发,改进了引爆装置,把装有硝化甘油的小玻璃管插进黑色火药的容器中,点燃导火线,"轰"的一声巨响,试验成功了。

1863 年秋天,诺贝尔发明了雷管,它不仅能引爆硝化甘油,而且能引爆各种火药。

诺贝尔带着雷管和硝化甘油来到花岗岩采掘场进行试验,坚固的岩层被炸得粉碎。这是世界上第一次将炸药用于矿山爆破,消息很快传遍了全世界。

同时,诺贝尔工厂因火药爆炸再次破产,弟弟也在这次事故中丧生。失去亲人的痛苦、巨额的借款、人们的责难,都袭向诺

● 诺贝尔奖颁奖典礼所在地

贝尔。

诺贝尔坚信这个事业终究会被人们认识。他来到汉堡，得到一对商人兄弟的支持。1865年冬天，德国的诺贝尔工厂建成了。

不久，从世界各地传来爆炸事故的惨剧，其中许多是人们粗心地使用硝化甘油的结果。有人把硝化甘油当鞋油用，有人把硝化甘油掺在灯油里照明，导致商店被炸、仓库被炸、船只被炸。

法国、比利时等国家发出了"禁止制造、使用硝化甘油炸药"的命令。诺贝尔没有退却，为了人们的幸福，全力以赴研制安全的硝化甘油炸药。

由于实验室连连爆炸，邻居都害怕了，不准他在那里进行试验。诺贝尔又搬到马拉伦湖，在湖中心的一艘渡船上进行试验。他在4年的时间里进行了400多次试验，一直未能驯服硝化甘油。在一次试验中，一大坛硝化甘油在搬运时破裂了，这只坛子是放在木箱里的，木箱和坛子之间塞满了泥土，以防止坛子滑动。坛子一破裂，硝化甘油就渗到泥土中去了。

诺贝尔抓了一把含有硝化甘油的泥土做试验，结果发现这种泥土在引爆后能够猛烈爆炸；可是不引爆，它就很安全，不像硝化甘油那样稍受震动便会爆炸。

诺贝尔经过各种试验，发现硝化甘油和硅藻土合为一体，呈黏土状，便于运输，既安全又不减弱爆炸力。

诺贝尔叫它"达纳炸药"，"达纳"在希

腊语中是力量的意思,"达纳炸药"的名字不胫而走。

从此,采煤、修路、修隧道等大工程都离不开"达纳炸药"了。为了方便各国订货,俄国、美国、英国等地建立了 16 座诺贝尔工厂。

1868 年,瑞典皇家科学院决定授予伊曼纽尔·诺贝尔和他的儿子阿尔弗雷德·贝因哈德·诺贝尔"莱阿斯蒂特奖"的金质勋章,奖励他们为普及使用硝化甘油炸药做出的贡献和发明"达纳炸药"的功绩。

诺贝尔获得了很高的名望,除了工作,他每天还要接待许多慕名而来的人,可他热爱科学,希

● 2004 年诺贝尔颁奖典礼现场

望有个安静的环境潜心钻研。于是,他搬到了巴黎,在凯旋门附近买了房子,舒适的书房和设备完善的实验室让他心满意足,他又开始研究、改良"达纳炸药"。

"达纳炸药"的主要原料硝化甘油的爆炸力不能增加,硅藻土不能燃烧。要想制出威力更大的炸药,就必须找出爆炸力更大的东西来代替硅藻土。

一天,诺贝尔的手被试管划破,他贴了块硝棉胶的创伤

● 巴黎凯旋门,诺贝尔曾在此附近购房居住

膏,晚上,他躺在床上,伤口格外疼痛,他想一定是什么东西渗过硝棉胶在刺激伤口。

原来硝棉胶的主要成分是硝化纤维,具有爆炸性质。他灵机一动,连夜跑到实验室,研制出新型胶状炸药并很快在英国、美国、法国等国家取得了专利。

1879 年,诺贝尔兄弟创立了一个石油公司,他们成了俄国石油业的大实业家。

7 年后,诺贝尔又研制出无烟炸药。他的研究还涉及电化学、生物学、纤维学、医学、生理学各领域,仅专利就有 355 项。

1895 年 11 月 27 日夜,诺贝尔写下遗嘱。1896 年 12 月 10 日,诺贝尔逝世,终年 63 岁。

诺贝尔去世后,他的遗嘱被公开,并在世界上产生极大的反响。他的遗嘱是这样的:"请把我们的全部财产作为基金,以其利息作为奖金。把奖金分为五等份,作为物理学奖、化学奖、生理学奖和医学奖、文学奖、和平奖的奖金。把它每年奖给为人类做出卓越贡献的人。各奖的获奖人选由下述各委员会确定。物理学奖、化学奖由瑞典科学学士院确定;生理学奖和医学奖由斯德哥尔摩卡洛林研究所确定;文学奖由斯德哥尔摩科学院确定;和平奖由挪威议会选出的五人委员会确定。不论世界上哪个国家的人都可以获奖。我衷心希望世界上最有成就的人获奖。"1901 年 12 月 10 日,在诺贝尔逝世纪念日那天,斯德哥尔摩和奥斯陆举行了第一届诺贝尔奖的颁奖仪式。

● 1901 年第一届诺贝尔奖颁奖现场

照相机的发明

● 达盖尔像

16世纪,意大利画家根据"小孔成像"的原理,发明了一种"摄影暗箱"。著名画家达·芬奇在笔记中对它做了记载。他写道:光线通过一座暗室壁上的小孔,在对面的墙上形成一个倒立的像。当然,它只会投影,要用笔把投影的像描绘下来。

接着,又有人对"摄影暗箱"进行了改进。比如:增加一块凹透镜,使倒立着的像变成了正立像,看起来舒适多了;增加一块呈45°角的平面镜,使画面更清晰逼真……

然而,这时候的"摄影暗箱"虽具有照相机的某些特性,但仍不能称为照相机,因为它不能将图像记录下来。

19世纪,人们发现了感光材料,特别是达盖尔发现的感光材料碘化银,仿佛给照相机的问世注入了极有效的催化剂。于是,在"摄影暗箱"上装上达盖尔的银版感光片,人类历史上第一架真正的照相机就诞生了。

达盖尔摄影法的显像机

照相机的问世轰动了世界。许多官员要求拍摄自己的肖像照,尽管那时候照一张相就像受一场刑罚。

初期的照相机体积庞大,十分笨重,携带十分不便,且照相时要选择好天气(因为那时候还没有发明电灯),必须在晴天的中午,让照相的人在镜头前端端正正地坐半小时左右。为了让自己的姿容永留人间,

我国第一台国产照相机

养尊处优的老爷、小姐只好耐着性子忍受这种苦楚。

新事物的产生,对世界必定产生一定的冲击力。照相机诞生伊始,有一个小小的插曲:巴黎一批靠画肖像画为生的画家,联名上书法国政府,要求取缔照相术。他们的理由十分简单:怕摄影师抢走他们的饭碗。

然而,新生事物的成长是任何力量都挡不住的。不久,随着感光技术的发展,曝光所需的时间大大缩短,照相机显得更为实用了。

1858年,英国的斯开夫发明了一种手枪式胶板照相机。由于其镜头的有效光圈较大,因此只要扣动扳机,就能拍摄。有趣的是,一次,维多利亚女王在宫廷内举办盛大宴会,当斯开夫用他的照相机对准女王拍照时,被蜂拥而上的警卫人员扑倒,一时会场秩序大乱。事后,警卫人员才弄懂,那"凶器"原来是照相机。

之后,随着感光材料及摄影技术的进一步发展,照相机也不断地得到完善。

1946年,兰德发明了新型照相机。这种照相机可以"一次成像"。具体地说,拍摄以后,只需要短短的几十秒,一张照片就会从照相机内慢慢地"吐"出来。

老式照相机

麻药的发明

　　疼痛是让人很痛苦的事,特别是需要用刀子把肌肉划开,对病人进行医治的时候,那割肌之痛更是让人难以忍受。几千年来,人类在征服疼痛的道路上,艰难地向前迈进。

　　据各国的文献记载,在人类没有发明有效的麻醉药物以前,医生给病人做外科手术,往往是把病人牢牢地绑住,使病人不能乱动。进行手术时,那撕裂人心的叫声惨不忍闻。有的医生也想出了一些减轻病人痛苦的办法,如手术前将病人有病的肢体浸在冰水里,等到冻麻木了再开刀。再不就叫病人喝些酒,待其沉醉时再手术。

　　东汉末年,名医华佗发明了麻沸散,在手术之前给病人服下,使病人昏迷后再进行手术。这虽是人类

● 乙　醚

最早使用的麻药,但效果却不理想,病人仍然疼痛难忍。

　　一般认为,人类真正征服疼痛始于 19 世纪中期乙醚的发现和使用,说起来这还是一段有趣的故事。

　　美国波士顿的麻省总医院有一位年轻的牙科医生,他叫威廉·莫顿。莫顿经常为患者拔牙,为了减轻患者的痛苦,他想了很多办法。后来,他偶然发现,患者闻了乙醚味就不会感到疼痛了。于是,每次为患者拔牙时,他都用一块浸了乙醚的手帕盖在患者的鼻子上,结果,找他来拔牙的人络绎不绝,他的门诊顾客盈门。

　　为了保住自己的这一"专利",莫顿耍了个心眼儿,他在乙醚中加了香料,这样一来,在使用的时候,别人就分辨不出他用的是什么东西,搞

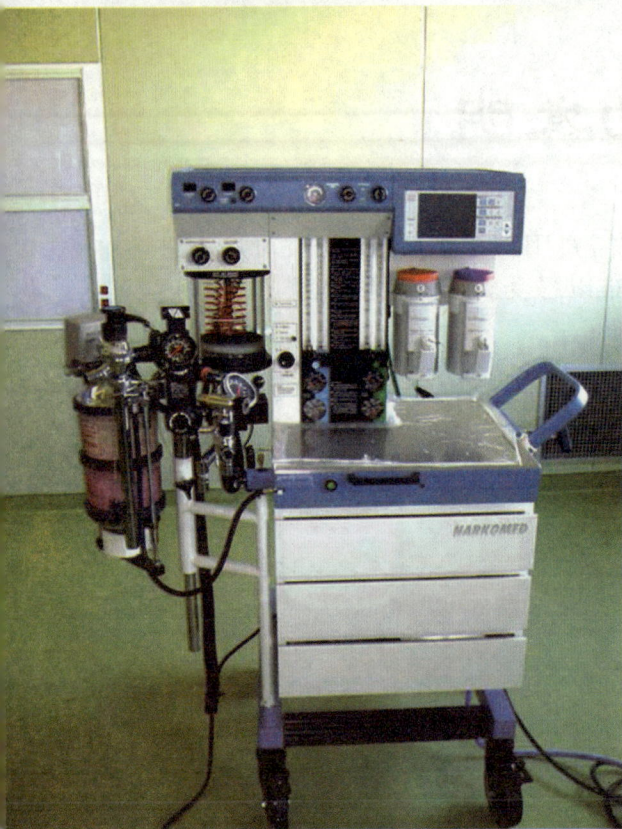

● 麻醉机

不清他的配方了。

莫顿拔牙不疼的消息越传越广，引起了社会的关注。当时马萨诸塞州有个医学组织，这一组织规定，医生行医要光明正大，不准用骗术骗人。按照医学伦理学的要求，如果莫顿不公开他的秘密配方，那就是"骗术"，就可以让他终止行医。后来，莫顿思索再三，在良心的驱使下，向同行公布了他的秘方，人们这才知道乙醚有如此神奇的功效。

经过多次试验证明，乙醚可以用于多种外科手术。1846 年 10 月 16 日，莫顿在麻省总医院里首次举行了外科麻醉手术表演。当病人按莫顿的要求深呼吸几下，吸入麻醉气体后，主刀医生便割下了患者颈部的血管瘤。整个手术持续了 30 分钟，病人全然不觉疼痛，在场的人无不拍手称奇。从此以后，乙醚麻醉法便走向世界，一直使用到今天。

1868 年，年仅 48 岁的莫顿去世了。波士顿的市民在他的纪念碑上刻下了这样一段文字："他是吸入性麻醉开刀法的创始人。由于他的发明，开刀的疼痛从这个世界上消失……"

电话机的发明

1847 年 3 月 3 日，亚历山大·格雷厄姆·贝尔生于英国爱丁堡。他的父亲和祖父都是研究声学的学者。他的父亲甚至试图教聋哑人说话。受家庭环境的影响，贝尔从小就对聋哑人十分同情，并对语音学产生了浓厚的兴趣。

贝尔 17 岁时进入爱丁堡大学，他选择了语音学作为自己的专业，毕业后，当了聋哑学校的教师。这期间，他和父亲一起，致力于研究如何使聋哑人说话。这一对父子的高尚行为，得到了当地民众的称赞。

然而，意想不到的情况发生了。贝尔的两个兄弟相继死于肺结核病，贝尔的健康也受到了严重威胁。当时治疗肺病的特效药还没有问世，而当地的气候十分不利于病人的康复。不得已，贝尔全家于 1870 年迁居加拿大。

● 贝尔像

迁居加拿大后，贝尔的健康日渐好转。1873 年，贝尔又迁居美国，在波士顿大学任生理学教授，继续从事聋哑人教育工作。这期间，他爱上了一个聋哑人学生，这更促使他致力于他的研究工作了。

贝尔根据在人耳和人声研究上所得出的理论，想制作一部复式电报机，即在同一个电报机上互不干扰地同时发出几份频率不同的电报，贝尔采用莫尔斯电码为基础进行试验。一位名叫汤姆斯·华特逊的青年也加入了这项试验，成为贝尔的得力助手。一次，他们在做复式电报机试验时，由于机件发生故障，贝尔偶然发现电报机上的一块铁片在电磁铁前不断振动并发出一种微弱的声音，这种声音居然能通过导线传向远处。这个发现使贝尔十分激动。

● 贝尔和他设计的电话

他大胆联想：如果声波的振动能够被转换成波动的电流，那么该电流就能在电路的另一端重新转换为与原声相同的声波，这样，声音不就可以以光的速度载于电线，传给远处的任何一方了吗？

贝尔的设想得到了当时美国著名物理学家约瑟夫·亨利的赞许，他鼓励贝尔说："你有一个伟大发明的设想，干吧！"就这样，贝尔改变了自己的研究方向，一边学习电学知识，一边开始设计、制作电话。

贝尔和他的助手华特逊重新调整了每一个振动器，又在各自的屋里制作了送话器和受话器，并把导线连接在上面，开始用电传话的试验。可是尽管他们声嘶力竭地叫喊，机器只能发出极其微弱的声音，根本无法听清。

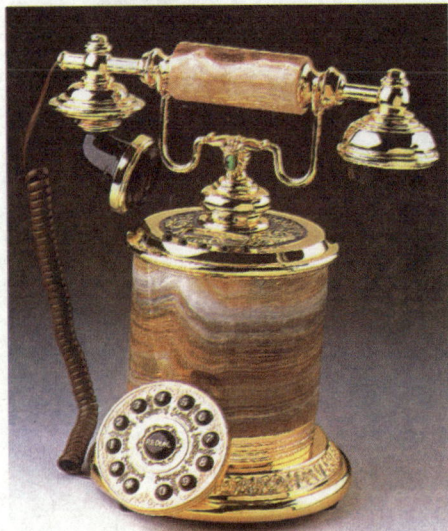

● 伯爵电话

是设计不对，还是制作有误？也许用电传递声波本身是不可能的？正当贝尔为试验的失败而苦思冥想的时候，窗外传来的吉他声引起了他的注意。他凝神听着，突然，他想到了是因为送话器和受话器的灵敏度太低，所以声音微弱，难以听清。

贝尔想，如果像吉他那样，利用音箱产生共鸣，就一定能听得见声音。两位发明家十分兴奋，连夜动手用床板制作音箱。接着，他们一刻不停地改装了试验装置，又认真检查了一遍,然后各自回到屋子开始试验。

这时,贝尔一不小心把桌上的酸性溶液碰翻了,溶液洒在西装上面。因为他已无钱购买新衣,所以感到很懊丧,便大叫起来:"华特逊!请到这里来,我需要你!"想不到这句普通的求助话,竟成了世界上第一次用电传送的人类的话音。

华特逊在自己屋子里出乎意料地听到了从导线传来的贝尔的声音,不觉惊喜万分,连连呼叫贝尔的名字:"贝尔!贝尔!我听见了!听见了!"两人欣喜若狂,不约而同地推开房门向对方奔去,拥抱着大喊:"电话成功了!"

历史记下了这一难忘的时刻——1876年3月10日。当时贝尔29岁,华特逊20岁。当天晚上,贝尔给母亲写信说:"……在不久的将来,电话线将和自来水管、煤气管一样,普遍安装在每个家庭里,朋友们可以在自己的家中彼此通话。"

当年,贝尔获得了电话的专利权,并成立了第一家电话公司。这一年,为庆祝《独立宣言》发布一百周年,美国在费城举办了规模空前的展览会,贝尔在展览会上展示了他的杰作,引起万人瞩目,贝尔也因此一举成名。

当时,前去参观的巴西帝国皇帝佩德罗二世,对贝尔发明的电话留下了特别深刻的印象。他在这个今天看来简陋粗糙的机器前流连许久,放下话筒时说了一句:"它会说话!"这件事第二天成了许多家报纸的头条新闻。

电话几乎立即被引入了美国社会。但是贝尔最初发明的电话声音不是很清晰,通话距离

● 贝尔和助手试验电话

也不远。后来，炭精式送话器发明了出来，传输话音的单铁线改用双铜线，送话器的质量提高了，通话距离增加了，电话的应用范围也随之扩展。

到了20世纪初期，欧洲各国纷纷设立电话局，各大城市的上空都可以看到蜘蛛网状的电话线。电话给全世界的经济、商业、文化等事业带来了前所未有的便利，人们可以凭借电话来传达信息、取得联系，大大节省了人力和时间，提高了办事效率。

贝尔发明电话后，继续从事他的发明事业，又对爱迪生发明的留声机做了改进。1881年，为寻找因被刺而生命垂危的加菲尔德总统体内的子弹，贝尔戏剧性地发明了金属测位仪，这台仪器后来被证明性能很好。

电话的发明给贝尔带来了巨大的财富。他在新斯科舍修建了一幢避暑别墅，在那里工作和休息。1883年，贝尔创办了美国《科学》杂志。贝尔对航空学也很感兴趣，还从事过空气调节乃至动物繁殖的试验。他一生获得的荣誉不胜枚举。

1915年，当第一条横贯美国大陆的电话线开放时，贝尔又一次和他过去的助手华特逊通话。正像39年前一样，贝尔激动地喊道："华特逊！请到这里来，我需要你！"这次，这句话不是从一个房间传到另一个房间，而是从东海岸传到西海岸。

1922年8月2日，贝尔逝世，享年75岁。1950年，贝尔被选入美国伟人纪念馆，这一时间比爱迪生还早10年。他发明的世界上第一部电话机，作为为人类进步做出卓越贡献的重大科学成果，至今存放在美国的历史博物馆里。

● 早期的电话

爱迪生伟大的发明

美国科学家爱迪生被人们称为"发明大王"。

1847年2月11日，爱迪生诞生于美国俄亥俄州的米兰镇，他祖籍荷兰，后迁北美，家境贫穷，靠父亲种田维持生活。

爱迪生小时候并不聪明，但善于观察、思考，对任何事都喜欢刨根问底，他常提"大树怎样生长""树叶是怎么回事"之类的问题，而且还非问到答案不可。

有一次，父亲在草棚里发现爱迪生趴在草堆里一动不动，便问："你在干什么？"爱迪生回答："我在孵小鸡呀！"父亲又好气又好笑地告诉他："人是孵不出小鸡来的。"可爱迪生还是问："为什么母鸡能孵小鸡，我就不能呢？"

● 爱迪生画像

爱迪生7岁上学，他功课不好，满脑袋稀奇古怪的想法。上学不到3个月，老师便把爱迪生的妈妈叫来，说："爱迪生一点儿也不用功，还老问2加2为什么等于4，实在太笨了，还是别上学了吧！"

爱迪生被迫退学后，母亲除了教他读书写字，还常给他讲一些名人的故事，不断鼓励、教育他，不厌其烦地解答他提出的各种问题。

母亲买了一本自然课本送给爱迪生，他立即被书中的科学小实验吸引住了，从此经常照着书上讲的方法做实验。

为了做实验，爱迪生把家中的地下室整理出来，准备了一些瓶子、试

影响世界
的重大发明

● 爱迪生故居

管，并把剩余的零用钱统统用于购买实验用品，他一有空就钻到地下室去做化学实验。

爱迪生见到小鸟在天空中飞翔，便想：人要能飞上天那该多好啊！他见家中做面包的发酵粉能产生不少气泡，心想：人若吃下发酵粉，是否也能使身体变轻飞上天呢？

爱迪生偷了一些发酵粉，让邻居的小孩吃，小孩一开始不肯吃，后来也被上天的想法吸引住了，可小孩吃下发酵粉后肚子疼得直打滚，被送进医院急救。事后，爱迪生十分惋惜地想：刚试验一半，若能坚持一下，见到结果多好啊！

他闯祸后，母亲不放心他做实验了，要封闭他的实验室，爱迪生急哭了，他说："我要是不做化学实验，怎么研究学问，怎么干造福人类的大事呢？"母亲被儿子的志向打动了，实验室保存了下来。

爱迪生11岁时，家庭经济情况每况愈下，爱迪生不得不在火车上做报童，他热心兜售，挣来的钱除了贴补家用，都用来购买书籍和药品。

在火车上卖报，空闲时间较多，爱迪生多次恳求列车长让他在车上做实验。得到允许后，行李车的一角，又成了他的一个简易实验室，一有空他就钻进来进行实验研究。

火车在终点站要停一段

● 少年爱迪生

68

● 爱迪生纪念币

时间，他就跑到市内公共图书馆去看书。一天，管理人员问他读过多少书，他说他已经读完第一书架上的两层书了，他要按书架的次序把书读完。管理人员说："你应先选目标，围绕目标看书才好。"

爱迪生在火车上卖报的时间并不长。1862年，有一次火车开动时震得特别厉害，把实验室里的一瓶黄磷震翻了，黄磷平时保存在水里，一见空气就燃烧起来，列车长气坏了，打了爱迪生一耳光，从此爱迪生右耳就聋了。火被扑灭了，可爱迪生再也不能在车上卖报了。

1862年8月的一天，爱迪生正沿着铁路走着，火车飞驰而来，一个小孩还在路轨上玩。就在火车疾驰而过的一刹那，爱迪生抱着小孩滚出了路轨。

小孩的父亲是位站长，为了报答爱迪生，他每个星期教爱迪生3次收发电报，爱迪生对电报技术产生了兴趣，很快就掌握了收发电报的技术。

爱迪生白天做实验，晚上在铁路上当电报员。根据规定，夜班电报员必须每隔1小时发1个信号，以防他们睡觉。爱迪生为了在没事的时候睡个踏实觉，将钟表同电报机联起，每过

● 爱迪生的书房

1 小时钟打 1 下,电报机就自动拍 1 个信号。

有一次,爱迪生要立即发一个重要电报通知下一站,可当时电报占线,他不得不把线上的电信暂时停下来,可这个电信正是自己科长发的,科长便借故将他辞退了。

爱迪生十分热爱电报员这个职业,为提高收发电报的水平,他一有空就琢磨改进现有的电报装置,实现他在一条线上同时传达两个以上电信的想法。

爱迪生来到波士顿,经朋友推荐,到西方联合电报公司工作,被分配接发《波士顿日报》的重要新闻。他的收报动作迅速熟练,因此被同事公认为一个"敏捷而准确的电报员"。

爱迪生下班后,不是读书就是研究电报机。《法拉第电学研究》成了他的"好朋友",他把它当枕头,常常半夜醒来想到什么问题就看看,他还做了许多实验,验证书本上的内容,从而获得了更多的电学知识。

爱迪生见每次议会投票,统计结果都要费时间,而且投票时有作弊现象,因此他发明了一个投票记录机,使投票手续简化了,并能防止投票作弊。

1869 年,爱迪生在一家股票交易所工作,他对股票交易所里报告行情的机器产生了兴趣,于是常常琢磨它。有一次机器坏了,管理人员无从下手,爱迪生自告奋勇,花了两个小时就修好了。经理看上了爱迪生的才能,聘他为机械室主任。

爱迪生不仅把机械保养得很好,还加以改进,同时又改进了"股票报价机",可以迅速准确报价,爱迪生以 4 万美元的价钱卖给了股票交易所,并用这笔钱办了家小工厂,搞了许多发明创造,研制了"四重"电报装置。

1876 年,爱迪生在离纽约 40

● 爱迪生与留声机

多千米的门罗公园建立了一家研究所,聘请了许多青年助手,协助他进行各种试验及研究。

当爱迪生正在研究电线传话的装置时,美国科学家贝尔首先发明了电话,但贝尔电话机的发话器很不实用,推广受到很大限制,于是爱迪生研制出了炭质发话器。

爱迪生在研究电话时,发现薄片的颤动能产生声音。他想,若能把这细小的颤动记录下来,一定能造出一个能够"留声的机器"。

试验那天,许多人半信半疑,可爱迪生却微笑着将手柄转动,同时对着喇叭形的长管唱道:"玛丽有只小羊羔,羊毛白得雪一样。"唱完歌,换了一根针,放回开始的位置,又摇了几下,歌声便随着唱盘的转动,清晰地飘了出来。

爱迪生和他发明的电灯

1878 年,世界博览会在巴黎开幕,爱迪生的留声机被拿去展览并获得了发明奖。同时,俄国工程师雅布罗其科夫和拉德金发明的"电烛"也吸引了许多观众。爱迪生获悉后仔细阅读了"电烛"的全部资料,开始研究起电灯来。

爱迪生在实验室吃,在实验室睡。一个朋友来看他,开玩笑地说:"怪不得你头脑里的知识那么丰富,原来你睡觉也往脑子里记书上的东西啊!"

阻碍电灯发明的难关是玻璃泡里的细灯丝,爱迪生用木炭、硬碳、金属铂等作为灯丝都失败了。油灯芯提醒了他,他用棉线摆成各种弧形,烘烤,取出一段完整的炭线,

● 爱迪生发明的电灯

装好后接通电源，果然发出了亮光，但亮一会儿就断了。

经过无数次的试验和失败，爱迪生终于在 1879 年 10 月 21 日研制成功一盏炭丝灯，通电后亮了 45 个小时。新年之夜，门罗公园的松树上挂上了 500 盏电灯，它们像夏夜的繁星，十分迷人。

爱迪生从一种儿童玩具中得到启发，发现如果把照片连贯起来快速移动，就会在眼中构成连续的动作。于是爱迪生又利用软片制出了电影放映机。

● 现代的璀璨灯光

爱迪生发明了蓄电池，为了使性能更好，他试验了 9 000 多次，可是毫无结果。朋友惋惜地对他说："做了那么多试验却没有结果，你不觉得后悔吗？"爱迪生说："为什么后悔，我不是已经知道几千种物质不能用的结果了吗？"后来，爱迪生终于制成了碱性蓄电池。

爱迪生晚年仍像青壮年时期一样，紧张地进行发明创造活动，他认为天才就是"百分之一的灵

● 爱迪生在工作室

感加百分之九十九的勤奋"。他改进了留声机，发明了有声电影，找到了化工新材料橡胶。

当爱迪生81岁时，人们在纽约为他庆贺生日，他却在外地紧张地研究从植物中提取橡胶，他先后试验了14 000种植物，发现黄花蒿草最有用。

1931年，84岁的爱迪生还念念不忘橡胶的研究工作。人们问他何时告老退休，他回答说："何时死神降临，我何时休息。"1931年10月18日，这位一生得到1 000多种发明专利的发明家经过一生勤奋工作，永远地休息了。

爱迪生在实验室

爱迪生逝世的消息震动了世界，唁电来自全球各个角落，各国元首、外交家、政治家、科学家都向这位伟大的科学家致哀。

"设想一个没有电灯、电话、留声机、电影的世界情形，这使我们认清他造福人类的伟大性。"爱迪生一生有1 000多项发明创造，他的一生是在不断地发明创造中度过的。他于1877年发明留声机，1879年发明炭丝灯泡，1880年发明电车，1889年发明幻灯机，1912年发明有声电影，还有发电机、电动机、蓄电池等。爱迪生的贡献是巨大的，人们是不会忘记他的。

镭的发现

居里夫人 1867 年 11 月 7 日生于俄国占领下的波兰首都华沙。她的父亲是华沙高等学校的物理学教授，母亲是闻名遐迩的钢琴家。她从小秉承父母聪明好学的家风，对科学实验有浓厚的兴趣。中学毕业后，她曾当过家庭教师，1891 年在巴黎继续深造，获得两个硕士学位。学成后，她本打算回国，但是当她同年轻的法国物理学家皮埃尔·居里相识后，又改变了计划。1895 年，她与皮埃尔结婚，1897 年生了一个女儿。

居里夫人在抚育女儿的同时，还孜孜不倦地学习，她在一篇试验报告中了解到法国物理学家贝克勒尔发现了一种"铀射线"（朋友们称为"贝克勒尔射线"）。这一发现引起居里夫人的极大兴趣。射线放射出的力量是从哪里来的？这种放射的性质是什么？她把这个问题当作她博士论文的一个课题来进行研究。

1898 年，经过丈夫皮埃尔多次向理化学校校长申请，校方才同意居里夫人用学校那间破旧、阴暗、潮湿的贮藏室做物理实验。在这里，他们每次把 20 多千克的废矿渣放入冶炼锅里熔化，又连续几小时不停地用一根粗大的铁棍搅动。在那间阴冷的小屋里，居里夫人以她严谨的治学态度，进行有条不紊的试验。她发现捷克斯洛伐克有一种沥青铀矿，放射

● 皮埃尔·居里

● 居里夫人在做试验

性强度比预计的强度大得多,她知道,自己找到了一种新的元素。于是她和丈夫紧张地工作起来,终于在 1898 年 7 月找到了一种比纯铀放射性还强 400 倍的放射性元素。居里夫人为了纪念她的祖国波兰,就给这个新元素定名为"钋"(波兰的意思)。

1898 年 12 月,居里夫人又根据实验事实宣布,她发现了第二种放射性元素,这种新元素的放射性比钋还强,她把这种元素定名为"镭"。可是,当时谁也不敢确认她发现的这种新元素。因为按化学家的传统观念,一个科学家在宣布他发现新元素时,必须拿出实物来,并精确地测出它的原子量。而居里夫人手里既没有镭的样品,也没有它的原子量。

为了让同行看到真实的样品镭,居里夫人需要从藏有钋和镭的沥青铀矿中提炼,而当时这种矿物很昂贵,对于生活本就很清贫的居里夫妇来说,没有足够的钱去购买。

经过无数周折,奥地利政府决定赠送一吨残矿渣给居里夫妇,并答应若他们将来再需要,可以在最优惠的条件下供应。于是,居里夫人有了原料。他们夫妻夜以继日地在小屋里提炼,从 1898 年一直工作到 1902 年,整整 4 年时间,经过几万次的提炼，处理了几十吨的矿石残渣，他们终于得到了0.1克镭，测定出它的原子量是225，镭宣告诞生了！

居里夫人以《放射性物质的研究》为题，完成了博士论文。1903年，她获得了巴黎大学物理学博士学位。之后，她与丈夫双双获得诺贝尔物理学奖。人们称她为"镭的母亲"。居里夫妇证实了镭元素的存在，使全世界都关注放射性现象，掀起了一股放射性物质的研究和应用热潮。镭的发现在科学界引发了一次真正的革命，动摇了传统物理学的观念。

由于长期接触放射性元素，居里夫人得了严重的贫血症。1906年，皮埃尔·居里因车祸去世后，居里夫人克制住巨大的悲痛，仍然坚持对放射性物质进行研究，并撰写了《放射性通论》一书。1911年，她又一次获得诺贝尔奖，成为世界上唯一两次获诺贝尔奖的女性。

居里夫人是一个无私而高尚的人。1906年丈夫皮埃尔去世后，她把与丈夫千辛万苦提炼出来的镭，无偿赠送给了治癌实验室。当时，那些镭可值100万法郎。亲友们为此责备她，劝说她应该改善一下生活，

● 居里夫人画像（宋韧作品）

● 居里夫人的实验室复原图

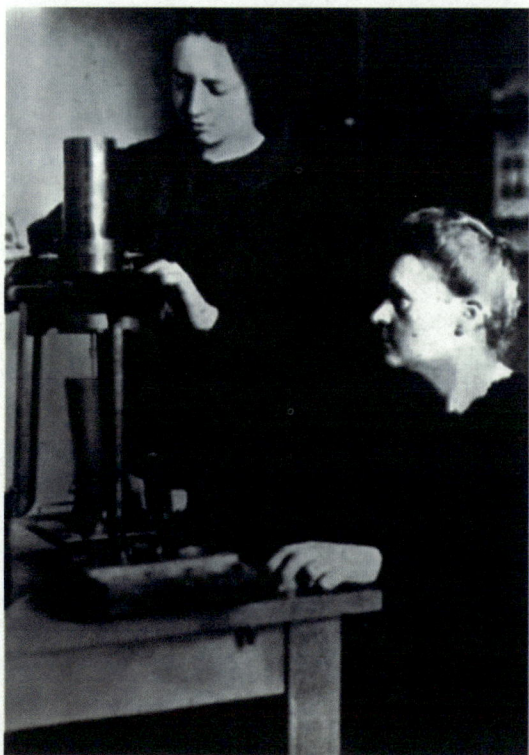
● 居里夫人（右）在指导女儿伊伦进行科研工作

或把这些财产留给女儿。居里夫人却说，希望女儿长大后自己谋生，要把精神财富留给她，让她走上正确的人生之路。

令世人钦佩的是，居里夫人的女儿伊伦，果然不负母亲厚望，她也走上了一条科学研究之路。在与丈夫合作研究了核裂变之后，她发现了人工放射的物质，并第一次制造出了人造同位素。因此，伊伦也获得了诺贝尔化学奖，成为世界上唯一一对母女二人获诺贝尔奖者。

1934 年，不到 67 岁的居里夫人终因劳累和疾病去世了。临终时，她留下遗嘱，不要人们为她举行葬礼，她希望埋到巴黎郊区丈夫的墓旁，她要永远和皮埃尔在一起，人们含泪满足了她的愿望。

● 居里夫人晚年时的照片

飞机的诞生

● 莱特兄弟像

莱特一家人住在美国俄亥俄州迪顿市市郊。父亲密尔顿·莱特年轻时就读于神学院，后来担任牧师，娶了德籍女子苏珊·凯塞琳·果纳为妻。1867年4月16日，老三威尔伯出生。1871年8月19日，四弟奥维尔出生。

威尔伯和奥维尔兄弟俩都爱好机械，从小就喜欢拆拆弄弄，对时钟、磅秤这些东西最感兴趣。他们常取出珍藏在"百宝箱"中的弯铁钉、断发条、锈刀片和一段段铁丝玩耍，让它们散满屋子，叫人无从下脚。

春天，郊外绿草如茵，和风拂面，迪顿市的居民都喜欢放风筝，尤其是孩子们的兴趣更浓，他们彼此比赛，看谁的风筝飞得高，这已经成了当地的一种习俗。威尔伯做的风筝既别致又飞得特别高，人们都很羡慕。

一天，兄弟俩放完风筝，躺在地毯似的绿草地上休息，仰望着天空中时而振翅高飞、时而舒展滑翔的老鹰，威尔伯对一旁的弟弟说："假如身上装一对翅膀，也能像鸟一样在天空中自由地飞来飞去，

● 莱特兄弟的第一架飞机

● 莱特兄弟在试飞

那该多好！"

升任主教的父亲一年到头在外传教,很少回家。一次,他给两兄弟带回一件礼物——一只纸扎的蝴蝶。父亲用左手把着纸蝴蝶的腹部,右手绞紧藏在腹部的橡皮盘。父亲手一松,纸蝴蝶就飞了起来。

兄弟俩看得目瞪口呆。一向喜欢动脑筋的奥维尔在心里想:小小的纸蝴蝶飞不高,只能飞几米远,如果把它放大了,是不是会飞得更高、更远呢?他把想做一只体积较大又有一定重量的会飞的"鸟儿"的想法告诉了威尔伯。

大哥和二哥在外地上学,所以有许多家务事要在家乡上学的威尔伯和奥维尔做。每天放学帮妈妈做完事,他们就埋头制作"大鸟"。几天后,缚有橡皮筋的"大鸟"终于完成了。可它刚飞起来,就被树枝钩破了,这使得他们非常沮丧。

威尔伯高中毕业后,兄弟俩创办了《迪顿周报》。报社业务蒸蒸日上,他们手头颇有积蓄。母亲患有肺结核,兄弟俩买了不少滋补品,怎奈她吃不下去,身体日益衰弱。母亲去世前,把兄弟俩叫到床前,嘱咐他们要用自己的聪明才智为公众服务。

莱特兄弟的事业颇有成就,但他们仍念念不忘感兴趣的机械。1894年的一天,他们把报社典当给一家新闻通讯社,在闹市区租下一

● 1903 年 12 月 17 日,莱特兄弟完成了人类第一次有动力、持续的、可操纵的飞行

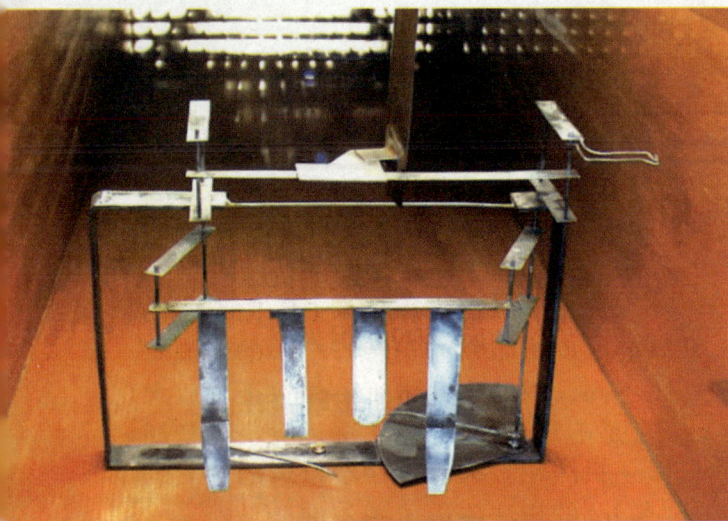

间店面，挂上"莱特兄弟自行车行"的招牌，正式经营他们拿手的事业了。

"莱特兄弟自行车行"兴旺发达，他们请好朋友爱德帮助打理店务，又雇用了几个帮手。但只要一有空，哪怕电闪雷鸣、刮风下雨，兄弟俩都会跑到郊外去放风筝。这让周围的人觉得很奇怪。其实，他们是在观察各种天气下的风力和气流。

他们还反复阅读动物学著作，了解鸟类的骨骼

● 莱特兄弟设计的升力测量装置

组织及振翅起飞的动作，常常到室外观察鸟的飞行。有一次，一群大雁从头顶上飞过，他们不顾一切地冲出屋观看，使得店里的顾客大吃一惊，以为什么地方发生了火灾。

就在莱特兄弟研究飞机的几十年前，先后有几个英国人发明了滑翔机和飞艇，但他们的飞行都失败了。1896年8月的一天，传来了一个令人惋惜的消息——德国人奥托·李连达在试飞他发明的滑翔机时，不幸机毁人亡。

莱特兄弟并未因别人的失败而气馁。他们精心设计了一种箱形风筝，"箱子"的两侧系着四根绳子，风筝上采用了某些自行车零件。设计这种奇怪风筝的目的是弄明白浮在空中的物体如何才能稳定地飞行和自由改变方向。

威尔伯写信给华盛顿史密斯尼安研究所的蓝格勒教授请求帮助。蓝格勒是美国著名的科学家，也热衷于飞行器的研究。他很高兴有莱特兄弟这种志同道合的朋友，非常热心地给他们寄来许多这方面的文献。

1900年，经过几个月的忙碌，莱特兄弟用木头、布料制成一架滑翔机，经过长途跋涉，来到大西洋沿岸的基蒂霍克，这个荒凉的小渔村外有一望无垠的沙滩和适合起飞的小山丘，常年吹着强劲的海风，是个理想

的试飞点。

头两天风太小，试飞没成功。第三天，风速达到每秒 8 米，威尔伯再度爬上机身，俯伏在下层机翼上，奥维尔拉着绳索往前跑。机翼轻飘飘地浮起来了。威尔伯小心地操纵着，只见机身离地 2.5 米向前滑行，沙滩急速往后退去。

虽然只滑翔了 30 米，但毕竟能够飞行了。这次成功鼓舞了莱特兄弟。他们回到迪顿市后，立即模仿鸟的翅膀，做成各种曲面的机翼，在自己设计的风洞中做试验，测定机翼上产生的阻力和浮力。

1901 年春，威尔伯和奥维尔改进了奥托·李连达的计算，制造了第二号滑翔机。这不是对前人的模仿，而是基于自己试验产生的新飞机。新飞机更大，机前有升降舵，机后装有方向舵。这些装置可以使机身保持平稳，并能变换飞行方向。

这年秋天，改进后的第三号滑翔机升空了。第三号滑翔机在强风和微风下都能飞，在空中逗留了 30 秒之久。这样的成就，连他们自己都深感意外。他们接着又着手制造了第四号滑翔机。在基蒂霍克，他们共进行了 3 000 余次滑翔飞行试验。

滑翔机再好，不借助风力就不能飞行。两兄弟的脑海里一直在想这个问题。他们一回到迪顿市，立即将自行车行改为飞机制造厂。可在当时，几乎所有的人都不相信人类可以在天空飞行，就连某些著名的科学家也不例外。

动力飞机的关键部件是引擎，莱特兄弟加紧研制自己的汽油发动机。与此同时，蓝格勒教授得到政府的资助，试制用蒸汽引擎带动螺旋桨的动力飞机。但蓝格勒的两次试飞都失败了，不久他便去世了。

汽油发动机制成后，莱特兄弟根据精确的计算，制造了一架机翼长 12 米的新飞机，又将两支螺旋桨分别装在发动机的左

● 莱特兄弟的飞机复制模型

右两侧,用齿轮和链条将动力从发动机传递到螺旋桨。他们还设计了速度计和计时表,安装在飞机上。

他们带着"飞行者一号"再次来到基蒂霍克。1903 年 12 月 17 日,飞机停在沙滩上事先铺设的木轨上,木轨外包着铁皮,是供飞机滑行的。奥维尔迫不及待地登上飞机,俯伏在下层机翼的中央,手握升降器的操纵杆,心脏不住地狂跳。引擎发动,螺旋桨开始旋转,机身缓缓地向前滑

● 1908 年寇蒂斯的第一架双翼机"六月甲虫"号试飞成功

行,它迎着强劲的海风,冉冉升空。飞机向前飞行了 260 米,在空中逗留了 59 秒,平平稳稳地着陆了。划时代的 59 秒!威尔伯兴奋地奔过去,握住弟弟的手。

莱特兄弟把试飞成功的喜讯首先报告给《迪顿日报》,希望与家乡的人们共享光荣,然而得到的却是冷漠的怀疑。在把飞行当作妄想的当时,谁会相信没有高学历和声望,仅凭自己的头脑和双手的莱特兄弟,会在飞行事业上一举成功呢?

只有父亲和妹妹对他们给予鼓励和支持。莱特兄弟拿出所剩不多的全部资金,制造了一架发动机功率更大的飞机。威尔伯起草了一份词意恳切的报告给美国政府,希望得到资助,可是,寄往华盛顿的报告石沉大海,杳无音信。

莱特兄弟的经济状况日见窘迫,研究几乎中断。此时,经热心于飞行的法国军官法培尔牵线,法国政府向他们发出邀请。威尔伯让弟弟留在国内,1908 年 6 月,只身去法国做首次公开表演。多年的心血就要得到承认了,兄弟俩兴奋不已。

威尔伯在法国的表演引起巨大的反响,欧洲各报均以醒目的标题报道了飞行表演的盛况。威尔伯在法国创造了一次飞行时间达 2 小时 20 分 23 秒、飞行距离达 117.5 千米的纪录。

法国政府派人来谈判收买飞机的专利权。由于开价低于莱特兄弟向美国政府提出的 50 万美金,威尔伯断然拒绝。这年冬天,威尔伯在法国南部的波尔城开办了世界上第一所飞行学校。欧洲各地慕名求教的青年纷纷涌向波尔城。

威尔伯在欧洲公开表演的同时,奥维尔在国内多次创下飞行纪录。1908 年月中旬的一天,当奥维尔与一名志愿者做双人同乘飞行表演时,马达突然停转,机身急速下坠,随即轰的一声巨响,飞机撞上地面。奥维尔被送进医院,同机者当场身亡。

1909 年春,威尔伯载誉回到美国,奥维尔也痊愈出院。6 月,华盛顿郊外的梅耶要塞车水马龙,盛况空前,美国陆海军高级将领、总统和政府官员都前来观看。这天,莱特兄弟驾机创双人同飞 1 小时 35 分 20 秒的世界纪录。

这年 11 月,"莱特飞机公司"在迪顿市正式成

● 莱特兄弟设计的阻力测量装置

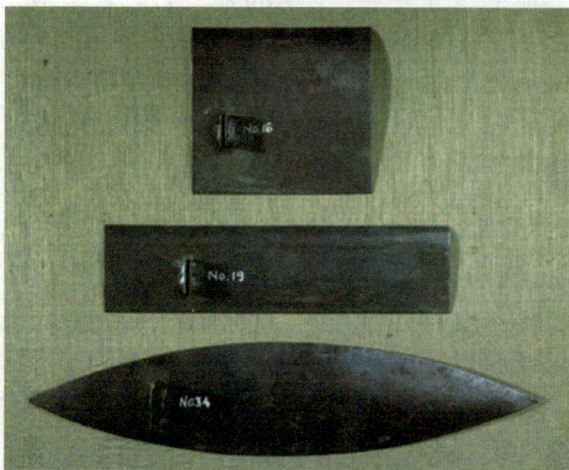

● 莱特兄弟设计的三个机翼模型

立。莱特兄弟日夜孜孜不倦地埋头研究。他们生产的飞机性能优异，飞得高、飞得快，而且安全。英国、德国、法国等都向莱特公司购买了制造权。公司的订单源源不断，生意日益兴隆。

20 世纪初，航空事业突飞猛进。1911 年，美国的柯蒂斯设计出第一架实用型水上飞机，并驾驶它访问了宾夕法尼亚号军舰；英国人怀特创下了每小时 102 千米的高飞行速度；莱特兄弟的学生威尔逊飞上了 4 千米的高度。

在第一次世界大战中，各国争相拨出巨款研制和建造军用飞机，更刺激了航空

● 莱特兄弟故居

事业的飞速发展。不幸的是，1912 年春，威尔伯突发高烧，一病不起，5 月 29 日，这位将毕生献身于飞行事业的伟大发明家与世长辞，年仅 45 岁。

奥维尔继承哥哥的遗志，担当起管理"莱特飞机公司"的重任。长期的研究工作使奥维尔的健康每况愈下，他甚感疲倦，自觉已无力应付繁重的领导事务。1914 年，奥维尔放弃全部股权退休了。

奥维尔退休后，对机械的兴趣不减当年。他先后发明了自动烤面包机、能调节靠背角度的躺椅等。他还一心想对试验中应用过的公式和理论做系统的整理，以便其留传下去。

奥维尔和哥哥威尔伯一样，为了飞行事业，终身没有结婚。1920 年，奥维尔被推举为迪顿市的荣誉市民。1932 年，美国政府在昔日的小渔村基蒂霍克为莱特兄弟建造了一座高大的大理石纪念碑。

电视机的发明

● 贝尔德和他的机械电视机

电视机自发明后便成为人们生活中的必需品，今天的电视机也由过去的黑白电视机进化到液晶电视机，那么你知道它是怎么发展而来的吗？

1866 年，人类实现有线电报传递后不久，无线电通信也诞生了。这时人们想：电波能传递声音，那么能不能找到一种传递图像的方法呢？

1873 年，一位名叫史密斯的电气工程师在用一种叫硒的物质维修海底电缆装置时，发现了一种怪现象，那就是硒遇见阳光后就像电池一样产生电。这个发现引起了科学家们的注意。因为硒在 19 世纪初被发现时，确认是一种不导电的元素。美国工程师肯阿里为此进行了实验，他在两块金属板中间夹上硒，做成一个特殊装置。这个装置在阳光照射下，会从金属板中发出微弱的电流，因为这是光发电，所以他把这种装置叫作"光电池"。这使光电之间的转换成为可能，硒的光敏性被发现，为电视机的发明创造了条件。

1884 年，德国发明家尼普科用一块布满极密小孔的网板，在图

● 1935 年，贝尔德与德国公司合作，成立了第一家电视台，这就是当时的电视机。

像或景物前旋转，并把强光打到景物上，使光从小孔中通过，射到硒粒上，随着光的变化而产生电流，电流通过电线传送到远处，使远处的小灯泡放光。尼普科在发光的小灯泡前采用同样的一个布满极密小孔的网板，用同样的速度旋转，小灯泡的光通过网板小孔射到白纸上，一幅和发送部位一样的图就被放映出来了。这种光电转换装置虽然设计合理，但由于光电池所产生的电流太弱，达不到要求而试验失败了。尼普科的试验使科学家进一步认识到，只有光电池的效能提高，才能满足设计需要。

● 1952 年的电视机

1912 年，德国的耶斯塔和盖特发明了"光电管"，它根据光的强度，转换为不同强度的电能，效能要比光电池大得多。1924 年，光电管不仅达到了完善，而且已用于各个方面。这时，美国的福雷斯发明了三极管，它能把微弱的电流放大。科学家的辛勤劳动，使电视的出现为期不远了。

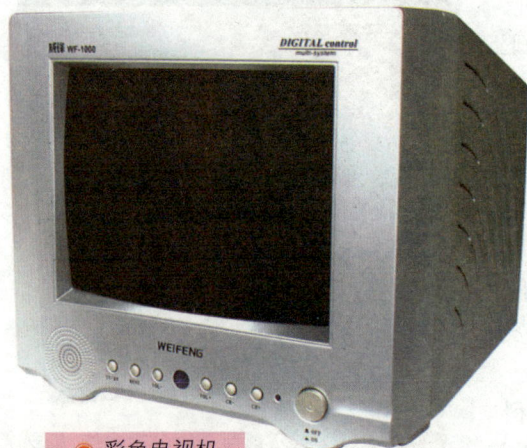

● 彩色电视机

我们知道，一张拍摄得很好的照片有不同的光亮和阴影。如果在靠近一块硒板的地方放一张照片，再把一束光投射到照片上，并移动光束，照片的各个部位反射到硒板上，那么，硒板上的感光便会随着图像的明暗变化而产生各种强度不同的电流。这一过程就是图像的"扫描"过程。产生的电流随后被输送给发射机，由发射机用线路或无线电波发射出去，再由接收机接收，并随电波转换成明暗不同的图像，这是最初的摄像显像过程，不过这个过程只能产生静止图像，而电视机需要的却是活动图像。于是，人们采用了电影放映的原理，在 1 秒钟内转换 20 多张图像，获得了连续运动的印象效果。

1924 年，英国工程师贝尔德最先研制成功了机电扫描黑白电视机。他把钻了许多洞的圆盘安装在一根织针上进行扫描，将光

● 1961 年的电视机

投射到转动的圆盘上，圆盘按固定的顺序照亮了图像的不同部位并将其转换成电流，他将这些强度不同的电流变成了图像。第二年，贝尔德进行了电视机试播。1928 年，贝尔德又在英国首次进行了机电式彩色电视机试播。他的摄像机有三个摄像管，分别摄取红、绿、蓝三种颜色的图像，当这三种颜色的图像按顺序投影在屏幕上时，由于速度极快，三种颜色的图像就混合成自然色的图像。

最初的电视机在今天看来，未免有些怪里怪气，非常原始。

现在不仅有黑白电视机，还有彩色电视机和液晶电视机。电视机的外形也发生了很大的变化，出现了大屏幕电视机，也有两个香烟盒一样大小的小电视机。电视机的性能也大大提高了。从 20 世纪 50 年代开始出现世界性的电视热潮，到 20 世纪 70 年代，全世界已拥有近 3 亿台电视机。

电视机的发明，不是一个人在一个短时间内能够完成的，它集中了人类的科学智慧。电视机的发明和广泛使用，终于实现了人类"坐家不出门，便知天下事"的梦想，它大大丰富了人类的文化生活，为人类的进步助了一臂之力。

● 液晶电视机

电子计算机的发明

1930年，美国有一位名叫莫奇里的物理学博士在研究物理的过程中，常常被大量枯燥、烦琐的计算所困扰，为此，他研制出了一台模拟计算工具——谐波分析机和一台不大的专用计算机，可这两种机器的运算速度都很慢。1940年，电子管的诞生给莫奇里以极大的信心。他相信，将电子管应用于计算装置必定会提高计算速度。可是，他绞尽脑汁，也没能想出应用电子管的设计方案。

1941年1月15日晚，为研制工作停滞不前而苦恼至极的莫奇里，随手拿起了当天的《得梅因论坛报》。报上的一条简讯引起了他的极大兴趣："本报讯：艾奥瓦州立学院物理学教授约翰·阿塔纳索夫制成了电子计算机，其工作原理比其他机器更近似于人脑。据

● 阿塔纳索夫像

阿塔纳索夫说，机器将包括300多支真空管，并将用于解决复杂的代数问题。机器的占地面积相当于大办公桌的占地面积，完全用电学器件制成，并用于科学研究。阿塔纳索夫研制这一机器已有数年，大约再过一年即可竣工。"简讯的边上还附有一张电子部件的照片。

莫奇里激动地看了几遍简讯和照片，自己梦寐以求的电子计算机，原来早已有人在研制，而且即将问世，他兴奋得彻夜难眠。

第二天，莫奇里启程前往艾奥瓦州。他要登门拜访阿塔纳索夫。

善良的阿塔纳索夫热情地接待了莫奇里，他一五一十地向莫奇里介绍了自己研制电子计算机的过程，还详细说明了自己的设计方案。莫奇里聚精会神地听着阿塔纳索夫的说明，不时还提些自己不理解的问题，

阿塔纳索夫——给予解答。末了，莫奇里要告辞时，阿塔纳索夫从抽屉里取出一本笔记本，并将它郑重地交给莫奇里，说道："这是我多年的心血，里面记录了有关的设计思路，对你也许会有帮助。让我们一起为人类的科学事业做贡献吧！"

莫奇里知道这里面的分量，他用颤抖的双手接过笔记本，并向阿塔纳索夫表示深深的谢意。

听君一席话，胜读十年书。莫奇里觉得这一趟拜访，仿佛使他看到了一个色彩斑斓的世界。

回到当时任教的宾夕法尼亚大学莫尔电气工程学院后，莫奇里仍然沉浸在幸福之中。他仔细地对阿塔纳索夫提出的设计方案进行推敲，认为这确实是一个缜密而巧妙的设计方案。

1942年8月，莫奇里以阿塔纳索夫设计方案的观点为框架，结合自己的一些经验，写成一篇题为《高速电子管装置的使用》的论文。

此文独到的见解、新颖的论点引起莫尔电气工程学院师生的广泛兴趣。

该学院的研究生——23岁的艾克特看到这篇文章后，如沐春风，兴奋不已。他早就开始关注计算机研制的进展，认为研制过程中有几个难关很难攻破。如今，莫奇里的文章把这些问题——解决了。

● 世界上第一台电子计算机

艾克特拜访了莫奇里。两位年轻人越谈越投入，真是相见恨晚。他们决定一起来研制电子计算机，将设想付诸实践。

要制造电子计算机，需要巨额资金。当时，第二次世界大战已经爆发，美国已于1941年12月宣布参战。在战争期间，只有战争需要的东西才是重要的。他们担心会出现阿塔纳索夫那样的情况。原来，阿塔纳索夫的研制资金由艾奥瓦州立学院农业实验站提供。在美国宣布参战后，农业实验站中断了资助,使阿塔纳索夫多年的心血付诸东流。

莫奇里的运气要比阿塔纳索夫好多了。在他写出设计论文后不久,莫奇里所在的单位——莫尔电气工程学院电工系,奉命同阿伯丁弹道实验研究所合作,每天为陆军提供 6 张火力表。这是一项工作量极大的工作,因为每张表都要计算几百条弹道,而一个熟练的计算员,用机械计算一条飞行时间为 60 秒的弹道,就需要 20 个小时。

莫奇里向阿伯丁军方代表格尔斯坦中尉推荐了自己的电子计算机设计方案,并陈述了电子计算机在军事方面的重大意义。格尔斯坦对此表现出极大兴趣,他向上级部门汇报了这一设想。

1943 年 4 月 9 日在现代电子计算机的发展史上是具有重要历史意义的一天。这一天,在阿伯丁,一个决定电子计算机制造工作是否上马的决策会议召开了。在听完格尔斯坦的简单说明后,陆军部科学顾问、著名数学家维伯伦沉思了好一阵子,然后站起身,对阿伯丁弹道实验研究所的所长说:"把经费拨给他们。"就这样,计算机研制工作的序幕拉开了。

研制小组由 200 多位专家组成。莫奇里担任总设计师,艾克特担任总工程师。

经过两年多的艰苦劳动,耗资 50 万美元,一台电子计算机终于研制成功了。它被命名为"电子数值积分和计算机",简称"埃尼亚克"(ENIAC)。

这台电子计算机是一个庞然大物。它占据了总面积达 170 平方米的 6 间大房子,重达 30 多吨。在它里面装用了 1.8 万个电子管,1 500 个继电器。它每秒钟可做 5 000 次加减法或 400 次乘法,比当时已有的继电器式计算机的计算速度要快 1 000 倍。

1946 年 2 月 15 日,美国政府为 ENIAC 举行了隆重的揭幕典礼。在典礼上,ENIAC 进行了公开表演,赢得了如雷般的掌

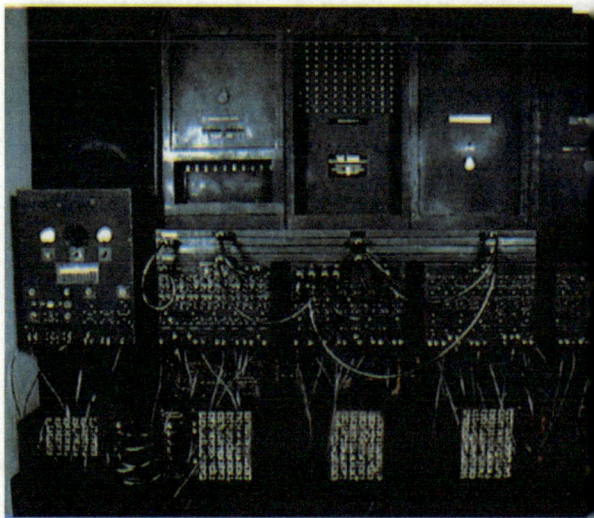
● 现代计算机的鼻祖——ENIAC

声。

莫奇里和艾克特由此得到社会各界的赞誉。他们还获得了电子计算机的专利权。可有趣的是，这后来还引发了一场官司。原来，阿塔纳索夫中断电子计算机的研制工作后，仍关注着电子计算机事业。ENIAC 问世后，他发现设计者的设计方案与他原来的设计方案几乎一样。不久，他从一篇报道文章中辨认出 ENIAC 的发明者之一莫奇里，就是 1941 年向他请教的那个年轻人。于是，在 20 世纪 60 年代中期，由于对发明权的不同看法，莫奇里和阿塔纳索夫对簿公堂。经过马拉松式的取证工作，1973 年，美国联邦州立法院裁决，确定阿塔纳索夫是电子计算机设计方案的提出者，取消了莫奇里和艾克特的专利权。

● 世界上第一台小型电子计算机

后来人们才明白：世界上第一台电子计算机是由阿塔纳索夫制作的，而第二台电子计算机和第一台通用计算机是由莫奇里和艾克特负责制成的。

ENIAC 的诞生具有划时代的意义。它开启了电子技术在计算机上应用的新纪元。

● 现代最常见的电子计算机

原子弹的发明

1938 年 12 月 10 日,在瑞典首都斯德哥尔摩的音乐大厅,举行了 1938 年诺贝尔奖授奖大会。意大利科学家费米获得了物理学奖。可是,费米并不像往年的获奖者一样,载誉归国,接受祖国人民的庆贺,在授奖仪式结束后,他便悄悄地带着妻儿来到美国。

费米热爱他的祖国意大利,但是,那时意大利在法西斯的统治下,科学家受到残酷的迫害,科学研究工作不允许开展。更可怕的是,法西斯政府对犹太人及有犹太血统的人进行惨无人道的

● 美国"原子弹之父"奥本海默

迫害。费米的妻子是犹太人,他的孩子也算是有犹太血统的人,费米怎么敢回意大利呢?

费米到了美国,继续从事微观粒子的研究工作。一次,他从一份秘密的情报中,得悉德国化学家奥托·哈恩和施特莱斯曼在进行核裂变实验。费米马上组织人员投身于核反应的研究。经实验证明:1 克铀所产生的能量,相当于燃烧 3 吨煤和 200 千克汽油的能量。也就是说,如果用于军事,1 克铀所产生

● 费米

的爆炸力，相当于 20 吨 TNT 的爆炸力。

这多么可怕啊！如果让希特勒抢先利用科学的成果制成核武器，那世界性的灾难就不可避免了。费米越想越感到可怕。他想，一定要说服美国政府，尽快制出原子弹，这样才能避免可能发生的灾难。

与费米一样，美籍科学家西拉德也感到十分不安。他为早些年人们不重视他的警告感到遗憾。

早在 1933 年，物理学界对分裂原子核还不是很清楚时，西拉德就设想过：如果能找到一种元素，它的原子核吸收一个中子后，不但会分裂开来，释放出能量，而且在分裂过程中，能再放出几个新的中子，那么，这些中子再去轰击更多的原子核，将会释放出更多的能量，且又产生更多的中子。这样一环接一环地分裂下去，释放出的能

● 原子弹"小男孩"

量是极其可怕的。所以，他曾警告过周围的同事，这种核裂变的研究，就像《一千零一夜》里的渔夫一样，打开瓶塞，一旦恶魔逃跑，将对人类的生存产生难以预料的恶果。

可在那时，西拉德的担忧并未得到科学界的积极响应。一些科学家认为，西拉德的担心无疑是"堡垒还没有攻下就谈战利品"，是"过早的担心"。甚至连伟大的物理学家爱因斯坦也没有意识到这一点。1934 年，当有人问到原子能是否有实际应用价值时，风趣的爱因

● 原子弹"胖子"

斯坦打了一个比方："那不过是黑夜里在鸟类稀少的野外捕鸟。"

如今，核裂变的成果，将可能被"杀人魔王"作为战争的武器。

不能再等了！费米、西拉德等立即拜访了爱因斯坦。他们希望听听爱因斯坦的看法，并通过他说服政府，尽快着手研究核武器。

此时，爱因斯坦也对此表现出极大的担忧。他马上提笔，给当时的美国总统罗斯福写信道：

"我读到费米和西拉德近来的研究手稿。这使我预计到，元素铀在将来，将成为一种新的、重要的能源。考虑到这一形势，人们应当提高警惕。必要时，还要求政府方面迅速采取行动。因此，我的义务是提醒您注意以下事实：在不远的将来，有可能制造出一种威力极大的新型炸弹。"

信写完后，爱因斯坦将它交给罗斯福的密友——金融家萨克斯，请他转交此信，并

● 广岛上空的原子弹爆炸时的蘑菇云

要他向总统面述其中的利害关系。令人失望的是，罗斯福对这件事不感兴趣，他说他不懂信中提及的深奥的科学理论。萨克斯反复向他说明重要性，直到最后，罗斯福才说："这些都很有趣，不过政府在现阶段干预此事还为时过早。"

萨克斯并不放弃自己的努力。第二天早餐时间，他们又见面时，罗斯福先发制人，对萨克斯讲："你又有什么绝妙的主意？你究竟需要多少时间才能把话讲完？"当他把刀叉递给萨克斯时，又说："今天不许再谈爱因斯坦的信，一句也不许谈，明白吗？"

"好吧，我们不谈。"萨克斯采取了迂回的战略，"我想讲一个历史的故事。"接着，他便巧妙地告诉罗斯福：法国皇帝拿破仑由于不重视富尔顿发明的蒸汽机军舰，丢失了横渡英吉利海峡，征服英国的机会。这是不

重视先进科技成果的结果啊！

　　罗斯福自然知道萨克斯的弦外之音。这故事中的事件，像一记历史警钟，在他耳边敲响。他听完后，将斟满酒的杯子递给萨克斯，说道："你胜利了！"

　　萨克斯的说服成功，揭开了人类创造原子弹历史的第一页。1939年10月19日，罗斯福下令成立了代号为"S-11"的特别委员会，立即开始进行原子弹的研制。

　　1942年8月，美国政府正式制订研制原子弹的"曼哈顿计划"。费米等一大批杰出的物理学家投入了工作。

　　费米在原来研究的基础上，对小规律的铀裂变反应进行更进一步的探讨。1942年12月2日，费米进行核反应堆试验，并获得圆满成功，这是人类历史上的第一次。

　　后来，物理学家奥本海默在美国中西部新墨西哥州的沙漠里，秘密主持建立了一个庞大的原子弹试制基地。

　　1945年7月，经过数万名专家和技术人员的努力，美国政府耗资20亿美元，终于研制成功了绰号为"瘦子""胖子""小男孩"的3颗原子弹。

　　1945年7月16日5时30分，在美国新墨西哥州的沙漠里，第一颗原子弹"瘦子"爆炸。"瘦子"爆炸时，闪光照亮了16千米以外的山脉，随后产生的蘑菇云上升到了万米高空，发射钢塔因高温而完全蒸发了，爆炸地点周围700米的沙漠表面被炙热的火焰熔成了一片玻璃体，发射地面形成了一个直径1 000米的巨大弹坑。

　　这种破坏力极大的原子弹试爆成功了！科学家在高兴之余，对它的威力感到莫名的不安。即使费米已估计到它的破坏力，但他看到爆炸的情景后，心灵仍然受到了巨大的震

● 向日本广岛投下原子弹的美国轰炸机

封存在仓库中的美国核导弹

撼,以致感到无力开车。几天之后,他眼前仍闪现着那种摇天撼地的情形。

曾经要求美国立即开展原子弹研制的西拉德首先反对使用原子弹。他认为,他所期望的是美国先于德国拥有原子弹,现在这个目的已经达到了。许多正直而又善良的科学家赞同西拉德的观点。于是,一份由西拉德等69位著名科学家签名的禁用原子弹的请愿书,递交给了当时的美国总统杜鲁门。

然而,科学家再也无法掌握原子弹的命运了。

1945年8月6日,美国的轰炸机从日本广岛的上空投下原子弹"小男孩"。顿时,广岛成了一片火海。8月9日,美国又在日本长崎投下了原子弹"胖子",使长崎变成了一片废墟,几乎一切都荡然无存。

消息传来,爱因斯坦、费米、西拉德等科学家感到震惊以及深深的内疚。他们呼吁:科学技术的成果应该为人类创造美好的未来,而不是用来毁灭人类。

阿波罗载人登月

第二次世界大战结束之后的冷战时期，在美国与苏联这两个超级大国展开一系列争夺与竞赛的同时，空间竞赛的序幕也拉开了。在空间竞赛中，苏联一路领先。

1957 年 10 月 4 日，苏联的第一颗人造地球卫星"斯普特尼克 1 号"上天之后，1959 年 9 月 12 日，苏联又发射了"月球 2 号"探测器。在月球上第一次出现了人造物体。1961 年 4 月 21 日上午 9

宇航员加加林驾驶着"东方 1 号"冲上太空

时 7 分，苏联宇航员加加林（1934—1968）驾驶着"东方 1 号"冲上太空，在地球轨道上飞行了 108 分钟后安全返回地面，成功地实现了人类历史上第一次环太空飞行。在空间竞赛的刺激下，时任美国总统肯尼迪在 1961 年提出"10 年内把一个人送上月球，并使他安全返回"的要求。据此，美国制订了一个庞大的"阿波罗计划"。

这是一个极其复杂的计划，它要求研制出一种威力强大的火箭，以把阿波罗号宇宙飞船 45 吨重的有效运载推出地球引力；飞船和火箭要有极精确的控制设备；各部件要高度可靠；要为宇航员提供较长时间的合适的生活环境和工作条件；要有精确可靠的通信和跟踪设备；要充分了解月球本身的情况，以便选择一个良好的着陆地点；等等。

为了实施这个计划，美国动员了 120 所大学、2 万家企业、400 万人参加，耗资 240 亿美元。终于，这个计划要实现了。

世界各地数以亿计的观众坐在电视机前，等待着这一伟大时刻的到来。

7月16日早晨9点32分，美国阿波罗号宇宙飞船连同它36层楼房高的土星5号火箭在肯尼迪航天中心的39A综合发射台发射了。在飞船上的是民航机长尼尔·奥尔登阿姆斯特朗和两个空军军官——巴兹·奥尔德林上校和迈克尔·柯林斯中校。土星号的第三级把他们送进了一条177千米高的轨道。把一切工作系统检查了两个半小时之后，他们再度发动了第三级火箭，这使他们获得了每小时39019千米的速度，脱离地球大气层向402336千米外的月球前进。

在离地球80467千米处，柯林斯操纵着名为"哥伦比亚"的指挥舱，使它与称为"鹰"的登月舱正面相对。对接成功后，土星号的第三级火箭就被抛弃了。航行的第二天，他们启动了"哥伦比亚"号指挥舱的发动机。阿姆斯特朗和奥尔德林爬过两个运载工具之间的管道，

1961年4月12日，苏联宇航员尤里·加加林乘坐"东方1号"航天器，绕地球飞行108分钟后，胜利地完成人类历史上第一次宇宙飞行的任务。

进入了登月舱，那天黄昏，宇航员就进入了月球的重力场。这时他们离月球已不到72420千米，速度越来越快了。

第三天下午，他们把速度降低到每小时6013千米，进入绕行月球的轨道。

第四天下午3点，登月舱同"哥伦比亚"号指挥舱分开，朝着月

美国"阿波罗11号"飞船发射成功

球的静海飞去。

　　他们在距离月球表面 16 千米处进入了一条低轨道，在一片可怕的满是高山和火山坑的月球荒野上飞行。这时，他们的仪表上开始闪光，向他们发出警报。现在已如此接近目的地，他们当然不能回头，于是他们就根据休斯顿一位青年指导官员的指示向前飞去，阿姆斯特朗掌握着操纵器，奥尔德林不停地大声读出仪器上显示的航行速度和高度。他们在下降的最后时刻，遇到了一些麻烦。当阿姆斯特朗发现他们将落在广阔的、不可接近的西火山坑时，"鹰"号登月舱与月球之间的距离已不到 152 米了。阿姆斯特朗操纵着"鹰"号登月舱向火山坑外面飞去，但这计划外延长的

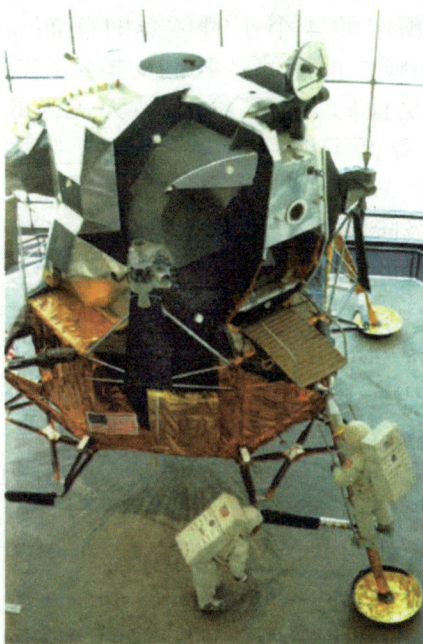

● "阿波罗 11 号"宇宙飞船"鹰"号登月舱

路程，意味着燃料快要用完了。阿姆斯特朗必须立即做出决定，要么转向那边，要么冒着坠毁的危险。就在这一刹那，阿姆斯特朗前面的仪表盘上发出了两道白光，显着出接触月球的字样。"鹰"号登月舱已经着陆了。

　　阿姆斯特朗说："休斯顿，这里是静海基地，'鹰'号登月舱已经着陆。"他讲这句话的时间是 1969年 7 月 20 日，星期日，美国东部时间下午 4 点 17 分 42 秒。

　　在把仪器检查了 3 个小时之后，两位宇航员向休斯顿请示，他

● "阿波罗 11 号"宇航员奥尔德林迈出登月舱

宇航员奥尔德林在月球上行走

们可否省去预定的 4 个小时休息时间而立刻下舱。休斯顿方面回答："我们支持你们这一行动。"于是他们穿上了价值 30 万美元的特制太空衣，降低了登月舱内的压力。阿姆斯特朗背朝外，开始从九级的梯子上慢慢下去。在第二级阶梯上他拉了一根绳子，打开了电视摄影机的镜头，让 5 亿人看到他小心地下降到荒凉的月球表面。

阿姆斯特朗的九号半 B 的靴子接触了月球表面，他说："对一个人来说，这是小小的一步，但对整个人类来说，这是巨大的飞跃。"此时是晚上 10 点 56 分 20 秒。阿姆斯特朗拖着脚步在地上走来走去，他说："月球表面是纤细的粉末状的，它像木炭粉似的一层一层地粘满了我的鞋底和鞋帮。我一步踩下去不到 2.5 厘米，也许只有 0.3 厘米深，但我能在细沙似的地面上看出自己的脚印来。"

阿姆斯特朗把那细粉状的物体捡了一些放在他太空衣的裤袋里。在阿姆斯特朗下舱 19 分钟后，奥尔德林走到他身旁来说："美啊，美啊，壮丽的凄凉景色。"阿姆斯特朗把一根标桩打入土里，把电视摄影机架在上面。样子像蜘蛛的"鹰"号登月舱离镜头 18 米远，正处于电视图像的中央，它后面就是外层空间的永恒的夜。这里的重力只有地球的 1/6，因此电视观众看到这两个人像羚羊似的跳来跳去，并听到奥尔德林说："当我要失去平衡的时候，我发现恢复平衡是十分自然而又非常容易的事。"他竖起了一面 0.9 米长 1.5 米宽的美国国旗，它是用铁丝缚在旗杆上的，奥尔德林向它敬礼。他们还存放了一个盛有 76 国领导人拍来的电报的容器和一块不锈钢的饰板，上面标着下列字样："来自行星地球的人于纪元 1969 年 7 月第一次在这里踏上月球。我们是代表全人类和平来到这里的。"

他们收集了大约 22 千克的石块供科学研究用，并测量他们太空衣外面的气温：阳光下是 112 摄氏度，阴处是零下 137 摄氏度。他们摆出一长条金属箔来收集太阳粒子，架起测震仪来记录月球震动，还架起反射镜来把结果送给地球上的望远镜。在半夜里，他们回到"鹰"号登月舱。他们在月球上停留了 21 小时又 37 分钟之后,他们发动引擎离开了月球。

下午 1 点 56 分,柯林斯操纵"哥伦比亚"号指挥舱朝向地球,然后发动引擎,使指挥舱摆脱了月球的引力。回程需要 60 个小时。那天晚上,宇航员通过电视传送到地球上一幅摄自 281 635 千米外的地球本身的照片。他们以每小时 39 593 千米的速度航行,在太平洋上空 92 千米重新进入了地球的大气层。在这一阶段的最关键时刻,宇宙飞船的挡板被 4 000 摄氏度的高温烤焦了,云把指挥舱包围起来,因此无线电联系中断了 3 分钟。

守候着的美国航空母舰"大黄蜂"号上的雷达已探测到正在降落的"哥伦比亚"号指挥舱在 22 千米外,在 3 个 25 米的橙色和白色降落伞下疾降。指挥舱降落在海面上,激起 1.8 米高的大浪,并倾翻了。指挥舱内三人努力把舱边的气袋充了气,使它恢复了平衡。"大黄蜂"号上起飞的直升机在他们头顶盘旋,引导"大黄蜂"号开往目的地。当时的美国总统尼克松在舰桥下挥动双筒望远镜;"大黄蜂"号上的乐队吹奏起了"哥伦比亚,你是海上明珠";在整个美国和许多外国城市里,教堂钟声四起,汽笛长鸣,汽车驾驶员都按响了车上的喇叭。

这次登月成功以后,阿波罗计划又进行了 16 次飞行,其中 5 次登月成功,共有 12 名宇航员在月球上留下自己的足迹。他们共在月球表面上停留了约 300 小时,探测了约 80 小时,安装了自动月震仪、激光反射仪、太阳风测试仪等多种科学仪器,建立了 5 座核动力科学实验站,并从月球上运回了岩石、土壤 382 千克。

阿波罗号的成功登月,极大地促进了电子科学技术、电子计算机、自动控制、遥控、遥测、遥感、材料、力学、发动机、能源等一大批科学技术及管理科学的发展。

阿波罗号的成功登月,在人类文明史上具有划时代的意义,它首次将人类文明带入了地外空间,显示了人类文明的伟大成就,开辟了人类的空间时代。

● 美国宇航员奥尔德林站在插在月球表面的美国国旗旁留影

101

中国首次载人航天

神舟五号的发射成功,使中国成为继俄罗斯和美国之后第三个发射载人航天器的国家,终于实现了中国人几千年的"飞天梦想"。

2003 年 10 月 15 日 5 时 20 分,航天员出征仪式在航天员公寓问天阁举行。

10 月 15 日 5 时 30 分,身着银灰色太空服的我国首位航天员杨利伟向当时的中国载人航天工程总指挥李继耐报告,请示出征。

10 月 15 日 6 时 15 分,进入飞船返回舱的杨利伟坐到了用合成材料特制的座椅上。此时按计划离火箭升空还有 2 小时 45 分钟。起飞前,杨利伟在舱内进行各项准备,完成 100 多个动作。地面指挥控制中心屏幕显示,杨利伟生理参数正常。

10 月 15 日 9 时整,火箭在震天撼地的轰鸣中腾空而起,急速飞向太空。

10 月 15 日 9 时 10 分左右,飞船进入预定轨道。从这一刻起,杨利伟成了浩瀚太空迎来的第一位中国访客。

10 月 15 日 9 时 31 分许,停泊在南太平洋的远望二号测量船捕获飞船信息。神舟五号飞船的舱内图像清晰地显示在北京航天指挥控制中心的大屏幕上,杨利伟在与医学监督医生通话时显得相当沉稳,他说:"我感觉良好!"

●"神舟"五号飞船

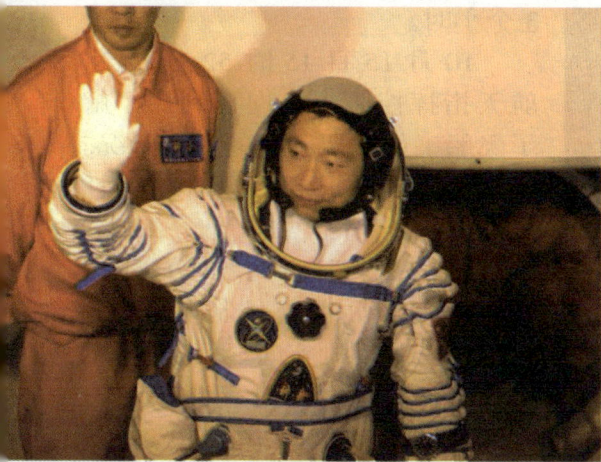

● 杨利伟出征一刻

10月15日9时42分,李继耐宣布:"飞船已进入预定轨道,发射取得成功。"

10月15日10时许,在神舟五号飞船进行环绕地球第一圈飞行时,地面指挥人员报告舱内环境正常后,杨利伟得到指令,打开面罩,拿着书和笔,当他松开手时,笔在太空失重环境下立即飘浮起来。

10月15日10时31分,神舟五号飞船进入喀什测控站检测区域,在接到地面指令后,杨利伟摘下手套,并解开系在膝盖下方的束缚带。在北京航天指挥控制中心的大屏幕上可以看到,杨利伟的动作非常轻松熟练。

10月15日10时40分左右,飞船开始绕地球飞行第二圈,通过飞船传回的图像可以看到,杨利伟由卧姿改为坐姿,并通过圆形舱窗向外观测。

10月15日11时过后,杨利伟开始在太空中进餐。他一边看书,一边用捏挤包装袋的方式享用这顿不同寻常的午餐。

10月15日12时左右,杨利伟开始他在外太空的第一次休息。画面显示,仰面躺卧的杨利伟表情沉静,在环绕地球飞行的飞船中,他的这次酣眠持续了约

● 神舟五号整装待发

●"神舟"五号在太空

3个小时。

10月15日15时52分,北京航天指挥控制中心向杨利伟了解了飞船工作状况和他的身体状况。杨利伟向地面报告:航天服气密性良好,飞船工作正常。

10月15日15时54分,飞船变轨程序启动,指挥控制大厅右侧大屏幕三维动画实时显示,飞船尾部喷出橘黄色的火焰,加速飞行。很快,飞船又进入平稳的飞行状态。整个过程中,航天员杨利伟始终神情镇定。南太平洋上的远望二号测量船向北京传来数据,表明变轨圆满成功。

10月15日17时26分,时任中共中央政治局委员、中央军委副主席、国务委员兼国防部长的曹刚川在北京航天指挥控制中心与正在太空飞行的航天员杨利伟进行实时通话。

10月15日18时40分许,神舟五号飞船运行到第七圈,杨利伟在太空中展示中国国旗和联合国旗。他在距地面343千米的太空中说:"向世界各国人民问好,向在太空中工作的同行们问好……感谢全国人民的关怀。"

10月15日19时58分,神舟五号飞船运行到第八圈时,稍早之前已来到北京航天指挥控制中心指挥大厅的杨利伟妻子张玉梅、儿子杨宁康与太空中的杨利伟通话。

10月15日21时31分,神舟五号飞船进入第九圈。

●杨利伟

10月15日23时8分,神舟五号飞船进入第十圈飞行,航天员杨利伟开始休息。

10月16日4时19分,神舟五号飞船进入第十四圈飞行。

10月16日5时35分,北京航天指挥控制中心成功向正在太空运行的神舟五号载人飞船发送返回指令。按照程序,飞船将在建立返回姿态后,经过返回制动、轨道舱与返回舱分离、推进舱与返回舱分离等一系列太空控制动作,开始返回内蒙古主着陆场。

"神舟"五号返回舱

10月16日5时36分,神舟五号飞船轨道舱与返回舱成功分离。返回舱与推进舱轨道高度不断降低,向预定落点返回。飞船轨道舱将留轨工作半年,开展相关的科学实验。

10月16日5时38分,神舟五号载人飞船制动火箭点火,飞船返回舱飞行速度减缓,轨道高度进一步降低。返回舱向预定着陆场降落。

10月16日5时56分,在北京航天指挥控制中心的指挥下,神舟五号载人飞船返回舱与推进舱成功分离,进入返回轨道。飞船返回舱失去动力后,按照升力控制技术向预定着陆场降落。

稍后,布设在新疆和田的活动测量站报告,神舟五号飞船进入中国国境上空。

10月16日6时4分,神舟五号飞船再次进入大气层,飞船处于"黑障"阶段。

宇航员杨利伟在太空

10月16日6时7分，搜救直升机收到神舟五号飞船返回舱发出的无线电信号，机上的搜索人员目视到神舟五号返回舱。由5架直升机组成的空中搜救分队和由14台专用车辆组成的地面搜救分队立即从不同的方向迅速向落点前进。

10月16日6时许，杨利伟报告身体状况良好。返回舱引导伞已打开。

稍后，杨利伟再次报告身体状况良好。主伞工作正常。

稍后，主着陆区直升机驾驶员目视到飞船降落伞，地面搜索人员看到了降落伞，返回舱主伞已脱落。5架直升机跟踪正常。

10月16日6时28分，地面搜索人员报告距神州五号返回舱落点7.5千米。

稍后，时任国管院总理温家宝与杨利伟通话，祝贺他顺利返航。

10月16日6时36分，地面搜索人员找到了神舟五号返回舱。

10月16日6时38分，搜索人员报告，杨利伟身体状况良好。

稍后，杨利伟向人群挥手，出舱。

10月16日6时51分，杨利伟在神舟五号舱口向大家招手，神态自若。

10月16日6时54分，李继耐在北京航天指挥控制中心宣布：神舟五号载人飞船16日6时23分在内蒙古主着陆场成功着陆，实际着陆点与理论着陆点相差4.8千米。返回舱完好无损。我们的航天英雄杨利伟自主出舱。我国首次载人航天飞行圆满成功。

◉ 巡天骄子杨利伟凯旋